电子产品装配工技能实训

张伯虎　主编

金盾出版社

内 容 简 介

本书以理论结合实际的方式,详细介绍了电子产品装配工所需的电子元器件的识别、检测、装配、调试、故障分析排除与维护等方面的知识和技能。可作为各电子类生产厂工艺规程参考用书,也可用于本科、专科、中等职业技校作教材,也适用于电子爱好者自学。

图书在版编目(CIP)数据

电子产品装配工技能实训/张伯虎主编 . — 北京:金盾出版社,2016.1
ISBN 978-7-5186-0159-2

Ⅰ.①电… Ⅱ.①张… Ⅲ.①电子设备-装配(机械) Ⅳ.①TN805

中国版本图书馆 CIP 数据核字(2015)第 053741 号

金盾出版社出版、总发行
北京太平路 5 号(地铁万寿路站往南)
邮政编码:100036 电话:68214039 83219215
传真:68276683 网址:www.jdcbs.cn
封面印刷:北京军迪印刷有限责任公司
正文印刷:北京军迪印刷有限责任公司
装订:北京军迪印刷有限责任公司
各地新华书店经销
开本:705×1000 1/16 印张:13.625 字数:283 千字
2016 年 1 月第 1 版第 1 次印刷
印数:1~4 000 册 定价:43.00 元

前　言

　　电子技术是中高等电类工科院校实践性很强的基础课程。为了培养高素质的人才,在理论教学的同时,必须十分重视和加强实践性教学环节。作者在多年的教学工作中发现,电子电路装配工的技能训练教材内容多为单一的零散电路组装,组装过程需要较多的辅助资料,而且都是一些简单的电子电路,学生遇到复杂电路就束手无策。为此,本书打破了传统实验实训教材单一的零散电路组装的编写模式,注重理论与实践的结合,突出实用性,以整机大电路为主,着重培养读者在电子产品识图及设备的调试、故障分析、排除与维护等实际能力,为读者今后从事电子、电器类行业的工作打下坚实的基础。

　　书中正文部分全面介绍了电子基础知识实验实训的相关内容,包括电子元件基础知识、电子线路基础知识、电子产品的组装调试维修等相关知识,并有相关的参考资料。附录中还提供了多种电子产品的原理图和电路装配图,可供读者选取。在学习过程中,或组装电子产品遇到问题,可发邮件至 bh268@163.com 直接与我们联系,我们将尽最大努力帮您解决问题。

　　本书的特点是内容充实,突出应用性和实践能力的培养。在内容叙述上力求通俗易懂,深入浅出,突出要点;在内容编排上力求合理有序,形式新颖,是一本不可多得的实用性书籍。

　　由于编者的水平有限,书中难免有不妥之处,恳请读者提出宝贵的意见,以利于我们不断修正。

编　者

前　言

目　　录

第1章 电子元器件的认识与检测

1.1 电 阻 器

电阻器是对电流流动具有一定阻抗力的元件,在电路中起降压阻流等作用。在电路分析及实际工作中,为了表述方便,常将电阻器简称为电阻。

1.1.1 电阻器标识的认识

1. 固定电阻器

(1)固定电阻器标识的认识

固定电阻器是电阻值不能调整的电阻器。电阻器的文字符号为"R",电路符号及外形如图 1-1 所示。

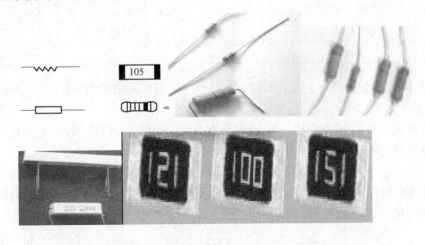

图 1-1 固定电阻器的电路符号和外形

(2)固定电阻器的分类

固定电阻器的分类方法有多种,通常按主要性能和使用特征来划分,可分为以下几种。

1)普通电阻器:它的性能参数满足一般电器的使用要求,应用十分广泛。

2)精密电阻器:它的特点是电阻值的精度高,而且工作稳定性好,多用于仪器仪表等精密电路。

根据制造材料和结构的不同,固定电阻器又可分为碳膜电阻(RT 型)、金属膜电阻(RJ 型)、有机实心电阻(RS 型)、线绕电阻(RX 型)等。其中,碳膜电阻和金属膜电阻在电路中应用最多。

(3)固定电阻器的参数

固定电阻器的主要参数有标称阻值、额定功率、允许偏差、电阻温度特性与温度系数等。

1)标称阻值。标称阻值是指电阻设计的电阻值,简称阻值,通常标注在电阻器上。电阻值的基本单位是"欧",用字母表示为"Ω"。在实际应用中,电阻器常用的单位是千欧(kΩ)、兆欧(MΩ)和吉欧(GΩ),它们与欧(Ω)之间的换算关系是:1GΩ＝1000MΩ,1MΩ＝1000kΩ,1kΩ＝1000Ω。标称阻值的常用表示方法有直标法、色标法、数字法和字母法。下面介绍色标法的表示方法。

色标法是用色环或色点(大多用色环)来表示电阻器的标称阻值、误差。色环有四道环和五道环两种。在读色环时,从电阻器引脚离色环最近的一端读起,依次为第一道、第二道……目前,常见的是四道色环电阻器。在四道色环电阻器中,第一、二道色环表示标称阻值的有效值;第三道色环表示倍乘;第四道色环表示允许偏差。各色环的含义见表1-1。

表1-1　色环含义

颜色	黑	棕	红	橙	黄	绿	蓝	紫	灰	白	金	银	无色
表示数值	0	1	2	3	4	5	6	7	8	9	10^{-3}	10^{-2}	
表示偏差%		±1	±2	±3	±4						±5	±10	±20

例如,色环颜色顺序为红、黑、橙、银,则该电阻器标称阻值为 $20 \times 10^3 \pm 10\%$,即 $20k\Omega \pm 10\%$ 。

在五道色环的电阻器中,前三道表示有效值,第四道为倍乘,第五道为允许偏差。这是精密电阻器的表示方式,有效数字为三个。

2)额定功率。额定功率是指在特定环境温度范围内所允许承受的最大功率。在该功率限度以内,电阻器可以正常工作而不会改变其性能,也不会损坏。电阻额定功率的标注方法如图1-2所示。

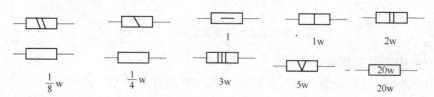

$\frac{1}{8}$w　　　$\frac{1}{4}$w　　　3w　　　5w　　　20w

图1-2　电阻功率标注方法

3)允许偏差。电阻器的允许偏差是指实际阻值(电阻器在规定的条件下测量出的阻值)与标称阻值之间允许的最大偏差范围。

一只电阻器的实际阻值不可能与标称阻值绝对相等,两者之间会存在一定的偏差。允许偏差小的电阻器,其阻值精度越高,稳定性也越好,但其生产成本相对较高,价格也贵。通常,允许偏差用标称阻值的百分数表示。普通电阻器的允许偏差为±5％、±10％、±20％,高精度电阻器的允许偏差则为±1％、±0.5％或更小。

精度是由阻值允许偏差和阻值变化决定的一个等级指标,用百分之几或百万分之几(ppm)表示。

阻值变化是指当外界条件(如温度、湿度、功耗等)改变时,电阻器阻值产生的变化。

4)电阻温度特性与温度系数。电阻温度特性是指在类别温度范围内的某一规定温度区域中所产生的最大可逆的阻值相对变化。

两个给定温度之间的温度系数(平均温度系数):电阻值的相对变化除以产生这一变化的温度差。

对于某一给定温度的温度系数:当温度差非常小时,平均温度的极限值。

2. 可变电阻器

可变电阻器有微调电阻器和电位器两种,是一种阻值可在规定范围连续变化的电阻器。

(1)可变电阻器的符号、外形及种类

常用可变电阻器的结构、符号及外形如图 1-3 所示。

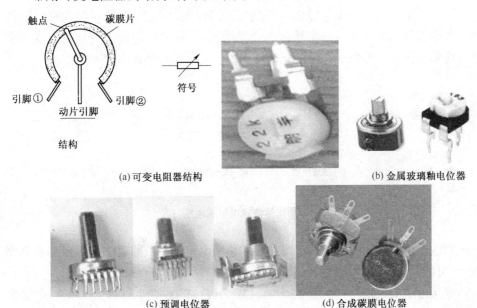

(a) 可变电阻器结构　　　　　　　　　(b) 金属玻璃釉电位器

(c) 预调电位器　　　　　(d) 合成碳膜电位器

图 1-3　可变电阻器结构、符号及外形

从图 1-3(a)中可以看出,它的两根固定引脚接在碳膜体两端,碳膜体是一个电阻体,在两根引脚之间有一个固定的电阻值。动片引脚上的触点可以在碳膜上滑动,这样动片引脚与两固定引脚之间的阻值将发生大小改变。当动片触点顺时针方向滑动时,动片引脚与引脚①之间阻值增大,与引脚②之间阻值减小。反之,动片触点逆时针方向滑动,引脚间阻值反方向变化。在动片滑动时,引脚①、②之间的阻值是不变化的,但是如若动片引脚与引脚②或引脚①相连通后,引脚①、②之间的阻值便发生了改变。可变电阻器的阻值是指两个固定引脚之间的电阻值,也就是可变电阻器可以达到的最大电阻值。可变电阻器的最小阻值为零(通过调节动片引脚的旋钮)。可变电阻器的阻值直接标在电阻器身上。

(2)可变电阻器的主要参数

可变电阻器的主要参数有标称阻值、动噪声、额定功率等。

1)标称阻值是指电位器上标注的电阻值,它等于电阻体两个固定端之间的电阻值。电阻值参数采用直标法标在电位器的外壳上。

2)动噪声是指电位器在外加电压作用下,其动触点在电阻体上滑动时产生的噪声,该噪声的大小与转轴速度、接触点和电阻体之间的接触电阻、动接触点的数目、电阻体电阻率的不均匀变化及外加的电压大小等有关。

3)额定功率是指可变电阻器在直流或交流电路中,在规定的大气压及额定温度下长期连续正常工作时所允许消耗的最大功率。

3. 其他电阻器

(1)热敏电阻

热敏电阻器是一种用半导体材料制成的测温器件,它的热敏材料用锰、镍、钴等多种金属氧化物粉末按一定比例混合烧结而成,目前广泛应用的是正温度系数热敏电阻和负温度系数热敏电阻。热敏电阻的电路符号如图 1-4(a)所示。

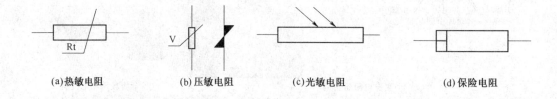

(a)热敏电阻　　　　　(b)压敏电阻　　　　　(c)光敏电阻　　　　　(d)保险电阻

图 1-4　几种特殊电阻的电路符号

1)正温度系数热敏电阻。正温度系数热敏电阻(PTC)的阻值随温度的升高而增大,可应用到各种电路中与负载串联。

电阻常见阻值规格(常温)有 12Ω、15Ω、18Ω、22Ω、27Ω、40Ω 等。不同电路所选用的电阻也不一样。

2)负温度系数热敏电阻。负温度系数热敏电阻(NTC)是采用电子陶瓷工艺制成的热敏半导体陶瓷组件,它的电阻值随温度升高而降低,具有灵敏度高、体积小、反应速度快、使用方便等特点。NTC 热敏电阻器具有多种封装形式,能够方便地应用到各种电路中,与其他元件并联可用作保护电路。

(2)压敏电阻

压敏电阻器是利用半导体材料的非线性特性制成的一种特殊电阻器。当压敏电阻器两端施加的电压达到某一临界值(压敏电压)时,压敏电阻器的阻值就会急剧变小。压敏电阻的电路符号如图 1-4(b)所示。

压敏电阻的主要特性:当两端所加电压在标称额定值内时,它的电阻值几乎为无穷大,处于高阻状态,其漏电流≤50μA;当它两端的电压稍微超过额定电压时,其电阻值急剧下降,立即处于导通状态,反应时间仅在毫微秒级,工作电流急剧增加,从而有效地保护电路。

(3)光敏电阻

有些半导体(如硫化镉等)在黑暗的环境下,其电阻值是很高的。当受到光照时,光子能量将激发出电子,导电性能增强,从而使阻值降低,且照射的光线愈强,阻值也变得愈低。这种由于光线照射强弱而导致半导体电阻值变化的现象称为光导效应。光敏电阻是利用半导体光导效应制成的一种特殊电阻器,是一种能够将光信号转变为电信号的元件。用光敏电阻制成的器件又叫做光导管,是一种受光照射导电能力增加的光电转换器。光敏电阻的电路符号如图 1-4(c)。根据制作光敏层所用的材料,光敏电阻可以分为多晶光敏电阻器和单晶光敏电阻器。根据光敏电阻的光谱特性,又可分为紫外光光敏电阻器、可见光光敏电阻器以及红外光光敏电阻器。

紫外光光敏电阻器对紫外线十分灵敏,可用于探测紫外线。比较常见的有硫化镉和硒化镉光敏电阻器。

可见光光敏电阻器有硒、硫化镉、硫硒化镉和碲化镉、砷化镓、硅、锗、硫化锌光敏电阻器等,可用于各种光电自动控制系统、照度计、电子照相机、光报警等装置中。

红外光光敏电阻有硫化铅、碲化铅、硒化铅、锑化铟、碲锡铅、锗掺汞、锗掺金等光敏电阻器。它广泛地应用于导弹制导、卫星监测、天文探测、非接触测量、气体分析和无损探伤等领域。

(4)保险电阻

保险电阻有电阻和保险熔丝的双重作用。当过电流使其表面温度达到500℃~600℃时,电阻层便剥落而熔断。故保险电阻可用来保护电路中其他元件,使其免遭损坏,以提高电路的安全性和经济性。

保险电阻具有低阻值、小容量(1/8~1W)的特点。它可用于电源电路中,电路符号如图 1-4(d)所示。

1.1.2　电阻器的质量检查与测量

1. 电阻器的质量检查

检测电阻器可先观察电阻器是否有断裂、烧焦的痕迹,引脚是否松动等。检测电位器时,先转动旋柄,观察旋柄转动是否平滑、灵活。检测带开关的电位器时,观察通断时"喀达"声是否清脆,电位器内部接触点和电阻体是否有摩擦的"沙沙"声,有则说明质量不好。

2. 固定电阻与可变电阻的测量

(1)测量固定电阻阻值

1)将万用表的功能选择开关旋转到适当量程的电阻挡,将两表笔短路调零,使表头指针指向"0",然后再进行测量,如图 1-5 所示。在测量中,每次变换量程后,如从 R×1 挡换到 R×10 挡或其他挡,都必须重新调零。

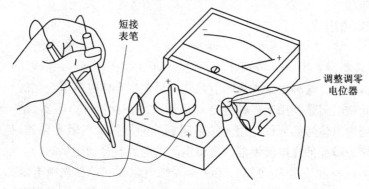

短接
表笔

调整调零
电位器

图 1-5   万用表调零

2)将两表笔(不分正负)分别与电阻的两端引脚相接,即可测出实际阻值。为了提高测量精度,应根据被测电阻的标称阻值选择适当的量程。根据电阻误差等级不同,读数与标称阻值之间分别允许有±5%、±10%或±20%的误差。

测量时应注意的事项:测量时,大阻值电阻不要用手触及表笔和电阻的导电部分,因为人体具有一定电阻,会对测试产生一定的影响,使读数偏小。被检测的电阻必须从电路中焊下来,至少要焊开一个头,以免电路中的其他元件对测试产生影响,测量误差增大。正确的测量方法如图 1-6 所示。

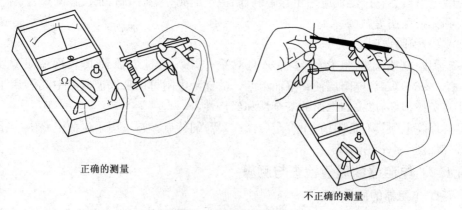

正确的测量

不正确的测量

图 1-6   固定电阻测量

(2)电位器的测量

电位器的测量如图 1-7 所示。

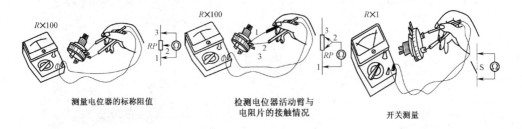

测量电位器的标称阻值　　　　检测电位器活动臂与　　　　开关测量
　　　　　　　　　　　　　　　电阻片的接触情况

图 1-7　电位器的测量

1）测量电位器的标称阻值：用万用表的欧姆挡测两边脚，其读数应为电位器的标称阻值。若万用表的指针不动或阻值相差很多，则表明该电位器已损坏。

2）检测活动臂与电阻片的接触是否良好：用万用表的欧姆挡测中间脚与两边脚阻值。将电位器的转轴按逆时针方向旋转，再顺时针慢慢旋转轴柄，电阻值应逐渐变化，表头中的指针应平稳移动。从一端移至另一端时，最大阻值应接近电位器的标称阻值，最小值应为零。若万用表的指针在电位器轴柄转动过程中有跳动现象，则说明触点有接触不良的故障。

3）对于带有开关的电位器，检查时可用万用表的电阻挡测开关两触点的通断情况是否正常。旋转电位器的轴，使开关"接通—断开"变化。若在"接通"的位置，电阻值不为零，说明内部开关触点接触不良；若在"断开"的位置，电阻值不为无穷大，说明内部开关失控。

3. 其他电阻的测量

(1)热敏电阻器的测量

正常的热敏电阻器，用万用表欧姆挡在常温下测得的阻值与标称阻值相差 $\pm$ 2Ω 以内即为正常，再用热源对电阻加热，如用电烙铁烘烤或放在不同温度的水中，用万用表观察其电阻值是否随温度变化而变化（正温度系数热敏电阻器的阻值随温度升高而加大，负温度系数热敏电阻器的阻值随温度升高而减小）。如是，则表明电阻器正常，否则说明其性能已坏，不能使用了，如图 1-8 所示。

(2)压敏电阻器的测量

检测压敏电阻器，应使用万用表电阻挡的最高挡位（R×10k 挡），正常的压敏电阻器两引脚阻值应为无穷大，若阻值很小，则说明该压敏电阻器的击穿电压低于万用表内部电池的 9V（或 15V）电压或者压敏电阻器已经击穿损坏。如果需要测量其额定电压（击穿电压），可将其接在一个可调电源上，并串入电流表，调整可调电源，开始电流表基本不变，当再调高 EC 时，电流表表针摆动，此时用万用表测量压敏电阻两端的电压，即为标称电压，如图 1-9 所示。

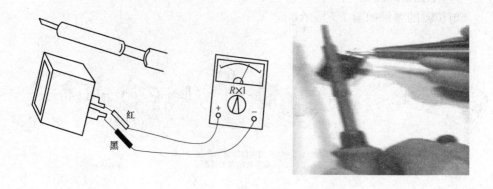

图 1-8　热敏电阻器检测

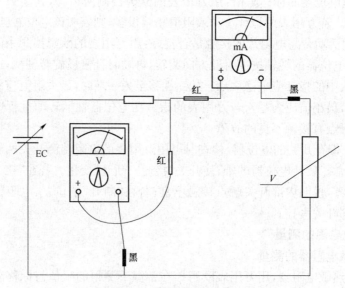

图 1-9　检测压敏电阻器

(3)光敏电阻器的测量

光敏电阻器的阻值是随入射光的强弱变化而发生变化的。在无光照时测得的阻值叫暗阻;在有光线照射时测得的阻值叫亮阻。通常暗阻较大,亮阻较小。

检测时用一黑纸片将光敏电阻的透光窗口遮住,使用万用表 R×1k 挡,将两表笔分别任意接光敏电阻的两个引脚,此时万用表的指针基本保持不动,阻值接近无穷大,此值即为暗阻。暗阻越大说明光敏电阻性能越好。若此值很小或接近为零,说明光敏电阻已损坏,不能再继续使用。将黑纸片撤除,用一光源对着光敏电阻的透光窗口,万用表的指针应有较大幅度的摆动,阻值明显减小,此值为亮阻。亮阻越小说明光敏电阻性能越好。若此值很大甚至无穷大,则光敏电阻内部开路损坏,不能再继续使用,如图 1-10 所示。

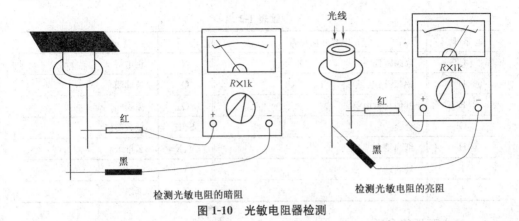

检测光敏电阻的暗阻　　　　　　　　检测光敏电阻的亮阻

图 1-10　光敏电阻器检测

1.2 电 容 器

电容器分为固定电容器和可变电容器。

1.2.1　电容器标识的认识

1. 固定电容器

(1)符号及特点

固定电容器用文字符号用"C"表示,电路符号及外形如图 1-11 所示。固定电容器由金属电极、介质层和电极引线组成,即在两金属电极中间隔以绝缘材料(介质),具有存储电荷的功能。各种字母代表的介质材料见表 1-2。在电路中,它具有阻止直流电流通过、允许交流电流通过的性能。

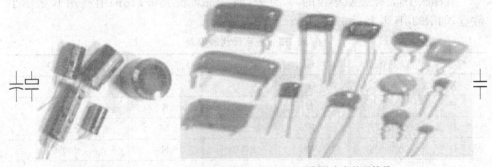

(a) 电解电容外形符号　　　　　　　　　(b) 无极性电容外形符号

图 1-11　固定电容的电路符号和外形

表 1-2　各种字母代表的介质材料

字母	电容介质材料	字母	电容介质材料
A	钽电解		
B(BB、BF)	聚苯乙烯等非极性薄膜(常在 B 后再加一字母区分具体材料)	L(LS)	聚酯等极性有机薄膜(常在后再加一字母区分具体材料)

续表 1-2

字母	电容介质材料	字母	电容介质材料
C	高频陶瓷	N	铌电解
D	铝(普通电解)	O	玻璃膜
E	其他材料电解	Q	漆膜
G	合金	S、T	低频陶瓷
H	纸膜复合	V、X	云母纸
I	玻璃铀	Y	云母
J	金属化纸介	Z	纸制

(2)主要性能参数

1)电容量:通常把电容器外加 1V 直流电压时所储存的电荷量称为该电容器的容量,基本单位为法拉(F)。电容器常用的单位有微法(μF)、纳法(nF)、皮法(pF)等。它们之间的关系是:1 法拉(F)= 10^6 微法(μF),1 微法(μF)= 10^3 纳法(nF)= 10^6 皮法(pF)。

电容器的电容值标示方法主要有直标法、文字符号法和色标法三种。

直标法是用数字和字母把规格、型号直接标在外壳上,该方法主要用在体积较大的电容上。通常用数字标注容量、耐压、误差、温度范围等;字母用来表示介质材料、封装形式等。字母通常分为四部分,第一位用字母通常固定为 C,表示电容;第二位用字母标示介质材料,各种字母所代表的介质材料见表 1-2;第三位用数字标示容量;第四位用字母标示误差,见表 1-3。

直标法中,常把整数单位的"0"省去,如 .22μF 表示 0.22μF;有些用 R 表示小数点,如 R33μF 则表示 0.33μF。

表 1-3　各字母代表偏差

字 母	允许偏差	字 母	允许偏差	字 母	允许偏差
X	±0.001%	G	±2%	C	±0.25%
E	±0.005%	J	±5%	K	±10%
L	±0.01%	P	±0.02%	M	±20%
D	±0.5%	W	±0.05%	N	±30%
F	±1%	B	±0.1%	不标注	±20%

文字符号法采用字母或数字,标注方法是用两者结合的方法来标注电容的主要参数。其中表示容量有两种标注法:一是省略 F,用数字和字母结合进行表示,如 10p 代表 10pF,3.3μ 代表 3.3μF,3p3 代表 3.3pF,8n2 代表 8200pF。二是用 3 位数字表示,其中第一、二位为有效数字位,表示容量值的有效数;第三位为倍速率,表示有效数字后零的个数,单位为 pF,如 203 表示容量为 20×10^3 pF = 0.02μF;222 表示容量为 22×10^2 pF = 2200pF;334 表示容量为 33×10^4 pF =

0.33μF 等。如果第三位数为 9,表示 10^{-1},而不是 10 的 9 次方,如 479 表示为 47
$\times 10^{-1}$pF＝4.7pF。电容的色标法与电阻相似,单位一般为 pF。对于圆片或矩形
片状等电容,非引线端部的一环为第一色环,以后依次为第二色环、第三色环……
色环电容也分四环或五环,较远的第五环或第六环代表电容特性或工作电压。第
一环、第二(三、五色环)环是有效数字,第三(四、五色环)环是后面加的"0"的个数,
第四(六、七色环)环是误差,名色环代表的数值与色环电阻一样,单位为 pF。另
外,若某一道色环的宽度是标准宽度的 2 或 3 倍宽,则表示这是相同颜色的 2 或 3
道色环。

　　贴片电容容量的识别:由于贴片电容体积很小,故其容量标注方法与普通电容
有些差别。贴片电容的容量代码通常由 3 位数字组成,单位为 pF,前两位是有效
数,第三位为所加"0"的个数。若有小数点,则用"R"表示。常用贴片电容容量的
识别见表 1-4。

表 1-4　常用贴片电容容量的识别法

代码	100	102	222	223	104	224	1R5	3R3
容量	10pF	1000pF	2200pF	0.022μF	0.1μF	0.22μF	1.5pF	3.3pF

　　2)耐压:耐压是指电容器在电路中长期有效地工作而不被击穿所能承受的最
大直流电压。对于结构、介质、容量相同的器件,耐压越高,体积越大。

　　在交流电路中,电容器的耐压值应大于电路电压的峰值,否则可能被击穿。耐
压的大小与介质材料有关。当电容器两端的电压超过了它的额定电压,电容器就
会被击穿损坏。一般电解电容的耐压分档为 6.3V、10V、16V、25V、50V、160V、
250V 等。

　　3)误差:实际电容量与标称电容量允许的最大偏差范围就是误差。误差一般
分为 3 级:Ⅰ级±5％,Ⅱ级±10％,Ⅲ级±20％。在有些情况下还有零级,误差为
±2％。精密电容器的允许误差较小,电解电容器的误差较大,它们采用不同的误
差等级。

　　4)绝缘电阻:绝缘电阻用来表明漏电大小。一般小容量的电容,绝缘电阻很
大,在几百兆欧姆或几千兆欧姆之间。电解电容的绝缘电阻一般较小。相对而言,
绝缘电阻越大越好,漏电也小。

　　5)温度系数:温度系数是在一定温度范围内,温度每变化 1℃,电容量的相对
变化值。温度系数越小越好。一般,工作温度范围为−55℃～＋125℃。

　　6)容抗:指电容对交流电的阻碍能力,单位为欧,用 Xc 表示。Xc＝1/2πfc。
Xc 表示容抗;f 表示频率,单位赫兹(Hz);c 表示容量,单位是法拉(f)。由上式可
知,频率越高容量越大,则容抗越小。

2. 可变电容

可变电容器种类很多,常见的有单连可变电容器、双连可变电容器和微调电容

器,如图 1-12 所示。

微调电容

可变电容

双连可变电容

图 1-12　可变电容器的符号及外形

可变电容器由一组动片、一组定片和转轴等组成,改变动片与定片的相对位置,从而调整电容器电容量的大小。将动片组全部旋出,电容量最小;将动片组全部旋入,电容量最大。在电路图中,可变电容器符号旁要求标出容量。例如,7/270p 表示当旋动转轴时,单连可变电容器的容量可以在 7～270pF 之间变化。双连可变电容器由两组动片和两组定片以及转轴组成。由于双连可变电容器的动片安装在同一根转轴上,所以当旋转转轴时,两连动片组同步转动(转动的角度相同),两组的电容量可同时进行调整。如果两连最大容量相同,称为等容双连可变电容器,容量值用最大容量乘以 2 来表示。例如,2×270pF 表示两连最大容量均为 270pF。如果两连最大容量不相同,则称为差容双连可变电容器,用两连最大容量值表示。例如,60/127pF 表示此差容双连可变电容器的一连最大容量为 60pF,而另一连的最大容量则为 127pF。

常用的微调可变电容器有瓷介质、有机薄膜介质和拉线电容,其容量在几 pF 之间变化。

1.2.2　电容器的质量检查与测量

1. 电容器的质量检查

检查电容器可先观察电容器是否裂纹,电解电容是否有膨胀、漏液现象,引脚是否有松动等。

可变电容检查转轴是否灵活:用手轻轻旋动转轴,若十分平滑,则正常。将转轴向前、后、上、下、左、右等各个方向推动时,转轴不应有松动的现象。检查转轴与动片连接是否良好可靠,旋动转轴,并轻按动片组的外缘,不应感觉有任何松脱现象。转轴与动片之间接触不良的可变电容器不能使用。

2. 电容器的测量

(1)固定电容器的检测

1)检测 100pF 以下的小电容:因 100pF 以下的固定电容器容量太小,用万用表进行测量,只能定性地检查其是否有漏电、内部短路或击穿现象。测量时,可选用万用表 R×10k 挡,用两表笔分别任意接电容的两个引脚,阻值应为无穷大。若测出阻值(指针向右摆动)或阻值为零,则说明电容漏电损坏或内部击穿。

2)检测 0.01μF 以上的固定电容器:对于 0.01μF 以上的固定电容,可用万用表的 R×10k 挡直接测试电容器有无充电过程以及有无内部短路或漏电,并可根据指针向右摆动的幅度大小估计出电容器的容量。测试操作时,先用两表笔任意触碰电容的两引脚,然后调换表笔再触碰一次,如果电容是好的,万用表指针会向右摆动一下,随即向左迅速返回无穷大位置。电容量越大,指针摆动幅度越大。如果反复调换表笔触碰电容两引脚,万用表指针始终不向右摆动,说明该电容的容量已低于 0.01μF 或者已经消失。测量中,若指针向右摆动后不能再向左回到无穷大位置,说明电容漏电或已经击穿短路。

测试时要注意,为了观察到指针向右摆动的情况,应反复调换表笔触碰电容器两引脚进行测量,直到确认电容有无充电现象为止,如图 1-13 所示。

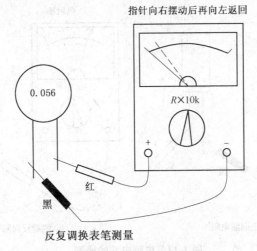

指针向右摆动后再向左返回

0.056

R×10k

红

黑

反复调换表笔测量

图 1-13　检测固定电容器

在采用上述方法进行测试时,应注意正确操作,不要用手指同时接触被测电容的两个引脚,否则人体电阻将影响测试的准确性,容易造成误判。特别是使用万用表的高阻挡(R×10k)进行测量时,若手指同时触到电容两引脚或两表笔的金属部分,将使指针回不到无穷大的位置,给测试者造成错觉,误认为被测电容漏电。

用数字万用表和电桥测量时,可直接将电容器插入电容插座内,将仪器置于相应挡位即可读出容量。

(2)电解电容的检测方法

电解电容的容量较一般固定电容大得多,测量时应针对不同容量选用合适的量程。一般情况下,1～100μF 间的电容可用 R×100～ R×1k 挡测量,大于 100F 的电容可用 R×100 ～R×1 挡测量。

极性判别:根据引脚判别时,长脚为正极,短脚为负极。对于正、负极标志不明的电解电容器,可利用测量漏电阻的方法加以判别。即任意测一下漏电阻,然后交换表笔再测,两次测量中阻值大的那一次黑表笔接的是正极,红表笔接的是负极,如图 1-14 所示。

漏电阻:将万用表红表笔接负极,黑表笔接正极,在刚接触的瞬间,万用表指针即向右偏转较大幅度(对于同一电阻挡,容量越大,摆幅越大),然后逐渐向左回转,直到停在某一位置。此时的阻值便是电解电容的正向漏电阻。此值越大,说明漏电流越小,电容性能越好。将红、黑表笔对调,万用表指针将重复上述摆动现象。此时所测阻值为电解电容的反向漏电阻,此值小于正向漏电阻。即反向漏电流比正向漏电流要大。实际使用中,电解电容的漏电阻不能太大 ,否则不能正常工作。在测试中,若正向、反向均无充电的现象,即表针不动,则说明容量消失或内部断路;测阻值很小或为零,说明电容漏电大或已击穿损坏,不能再使用,如图 1-14 所示。

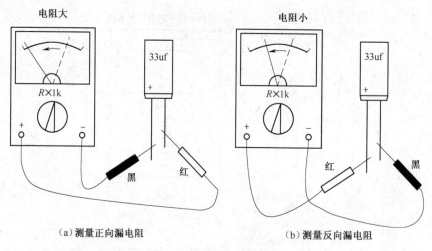

　(a)测量正向漏电阻　　　　　　　　　　　(b)测量反向漏电阻

图 1-14　电解电容的检测

(3)可变电容的检测方法

将万用表置于 R×10k 挡,将两个表笔分别接可变电容器的动片和定片的引出端,将转轴缓缓旋动几个来回,万用表指针都应在无穷大位置不动。在旋动转轴的过程中,如果指针有时指向零,说明动片和定片之间存在碰片短路点;如果旋到某一角度,万用表读数不为无穷大而是出现一定阻值,说明可变电容器动片与定片之间存在漏电现象,如图 1-15 示。

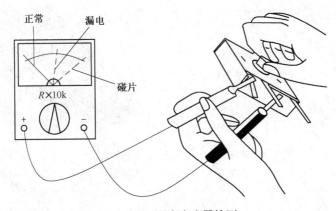

图 1-15　可变电容器检测

双连或多连可变电容器可用上述同样的方法检测其多组动片与定片之间有无碰片短路或漏电现象。

1.3　电　感　器

电感器指电感线圈和各种变压器,它在电子电路中的应用也比较多,但远少于电容器和电阻器的应用量。

1.3.1　电感器标识的认识

1. 电感器的特性

当交变电流通过线圈时,会在线圈周围产生交变磁场,使线圈自身产生感应电动势,这种感应现象称为自感现象,它所产生的电动势称为自感电动势,其大小与电流变化率成正比。自感电动势总是企图阻止电路中电流的变化。电感器具有通低频阻高频、通直流阻交流的特点。

2. 电感器符号

电感器可分为固定电感器、可变电感器、微调电感器和变压器。电感器在电路中的文字符号用字母“L”表示,常用电感器在电路图中的符号如图 1-16 所示。

3. 电感器的主要参数及标注方法

1)电感量。电感量是电感器的一个重要参数,其单位是亨利(H),简称亨。常用的单位还有毫亨(mH)和微亨(μH),它们之间的关系为:$1H = 10^3 mH = 10^6 \mu H$。

电感量的大小与电感线圈的匝数、线圈的横截面积(圈的大小)、线圈内有无铁心或磁心有关。相同类型的线圈,匝数越多电感量越大;具有相同匝数的线圈,有磁心(铁心)的比无磁心(铁心)的电感量大。

电感量的标注方法有直标法和色标法两种。

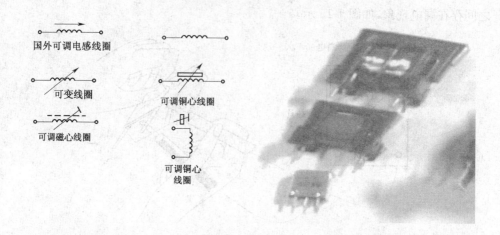

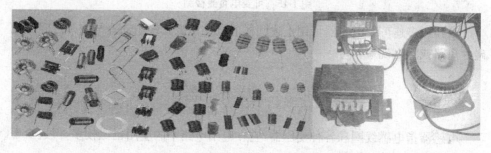

图 1-16 常用电感器电路符号和外形

直标法是将电感器的主要参数,如电感量、误差值、最大直流工作电流用文字直接标注在电感器的外壳上。例如,电感外壳上标有 3.9mH. A. Ⅱ 等字标,表示其电感量为 3.9mH,差为 Ⅱ 级(±10%),最大工作电流为 A 挡(50mA)。

色标法是指在电感器的外壳印上各种不同的色环来标注其主要参数。颜色与数字的对应关系和色环电阻标注法相同,对应关系如表 1-5 所示。

表 1-5 色标法各种颜色与数字的对应关系

颜色	黑	棕	红	橙	黄	绿	蓝	紫	灰	白	金	银
数字	0	1	2	3	4	5	6	7	8	9	10^1	10^2

其中,最靠近某一端的第一条色环表示电感量的第一位有效数字;第二条色环表示第二位有效数字;第三条色环表示 10 的几次方或有效数字后有几个 0;第四条表示误差,电感值的单位为微亨(μH)。如某一电感器的色环标志依次为:棕、红、红、银,它表示其电感量为 $12 \times 10^2 = 1200 \mu H$,允许误差为 ±10%。

2)额定电流。额定电流是指电感器正常工作时允许通过的最大工作电流。当工作电流大于额定电流时,电感器会因发热而改变参数,严重时将被烧毁。

3)分布电容。线圈的分布电容是线圈的匝与匝之间、线圈与地之间、线圈与屏蔽罩之间的电容,这些电容虽小,但当线圈工作在高频段时,分布电容的影响便不可忽视,它们将影响线圈的稳定性和 Q 值。所以,线圈的分布电容越小越好。

4)感抗。指电感线圈对交流电的特殊阻碍能力,用 X_L 表示,$X_L = 2\pi fL$。X_L 为感抗,单位"Ω";f 频率,单位为赫兹(Hz);L 为电感量,单位为亨利(H)。由上式可知,L 越大,f 越高,则 X_L 越大。

5)允许误差。电感量允许误差用 Ⅰ、Ⅱ、Ⅲ 表示;分别为 ±5%、±10%、±20%。

1.3.2　电感器的质量检查与测量

在电子电路设计中,常常需要测量各种线圈的好坏及电感量。

检查电感器的质量时,通过观察电感器的外貌来检查其是否有明显的异常,如线圈引线是否断裂、脱焊,磁铁心是否有损坏、松动等。可用万用表的电阻挡检测电感器件的绕组通断、绝缘等状况。

1. 在路检测

将万用表置于 R×1 挡或 R×10 挡,用红、黑表笔接触线圈的两端,表针应指示导通,否则线圈断路。

2. 非在路检测

如图 1-17 所示把万用表转到 R×1 挡并准确调零,测线圈两端的阻值,如线圈用线较细或匝数较多,指针应有较明显的摆动,一般为几欧姆至十几欧姆之间;若阻值明显偏小,则线圈匝间短路。若线圈线径较粗,电阻值小于 1Ω,用指针式万用表的 R×1 挡来测量就不太易读,可改用数字万用表的欧姆挡小值挡位,可以较准确地测量 1Ω 左右的阻值。

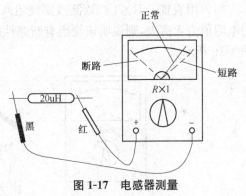

图 1-17　电感器测量

应注意的是:被测电感器直流电阻值的大小与绕制电感器线圈所用的漆包线径、绕制圈数有关,只要能测出电阻值,则可认为被测电感器是正常的。

1.3.3　变压器的质量检查与测量

变压器通常包括两组以上的线圈(这个线圈又称绕组),分为一次侧和二次侧。利用互感原理(一次电流变动通过磁场作用使次级产生感应电动势)制成。

检测变压器时,首先可以通过观察变压器的外貌来检查其是否有明显的异常,如线圈引线是否断裂、脱焊,绝缘材料是否有烧焦痕迹,铁心紧固螺钉是否有松动,硅钢片有无锈蚀,绕组线圈是否有外露等。

1. 绝缘性能的检测

用兆欧表(若无兆欧表则可用指针式万用表的 R×10k 挡)分别测量变压器铁

心与一次侧、一次侧与各二次侧、铁心与各二次侧、静电屏蔽层与一二次侧、二次侧各绕组间的电阻值,应大于100MΩ或指针指在无穷大处不动,否则说明变压器绝缘性能不良,如图1-18所示。

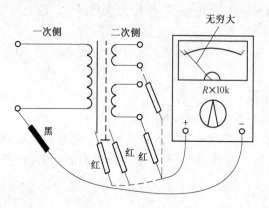

图 1-18　绝缘性能的检测

2. 线圈通断的检测

将万用表置于R×1挡检测线圈绕组两个接线端子之间的电阻值,若某个绕组的电阻值为无穷大,则说明该绕组有断路性故障;若阻值很小,则为短路性故障,如图1-19所示。

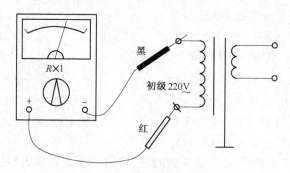

图 1-19　线圈通断的检测

3. 一、二次绕组的判别

电源变压器一次绕组引脚和二次绕组引脚通常是分别从两侧引出的,并且一次绕组多标有220V字样,二次绕组则标出额定电压值,如15V、24V、35V等。对于输出变压器,一次绕组电阻值通常大于二次绕组电阻值(一次绕组漆包线比二次绕组细)。

4. 空载电流的检测

将二次绕组全部开路,把万用表置于交流电流挡(通常500mA挡即可),并串入一次绕组中。当一次绕组的插头插入220V交流市电时,万用表显示的电流值便是空载电流值。此值不应大于变压器满载电流的10%～20%,如果超出太多,说明变压器有短路性故障,如图 1-20 所示。

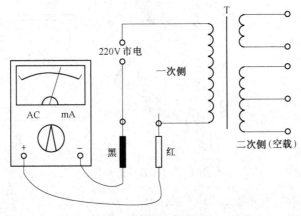

图 1-20　空载电流的检测

5. 空载电压的检测

将电源变压器的一次侧接 220V 市电,用万用表交流电压依次测出各绕组的空载电压值应符合要求值,允许误差范围一般为:高压绕组≤±10%,低压绕组≤±5%,带中芯抽头的两组对称绕组的电压差应为≤±2%,如图 1-21 所示。

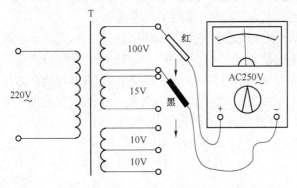

图 1-21　空载电压的检测

6. 同名端的判别

在使用电源变压器时,有时为了得到所需的二次电压,可将两个或多个次级绕组串联起来使用。采用串联法使用电源变压器时,进行串联的各绕组的同名端必须正确连接,不能搞错,否则变压器将烧毁或者不能正常工作。判别同名端方法如下:在变压器任意一组绕组线圈上连接一个 1.5V 的干电池,然后将其余各绕组线圈抽头分别接在直流毫伏表或直流毫安表的正负端。无多只表时,可用万用表依次测量各绕组。接通 1.5V 电源的瞬间,表的指针会很快摆动一下,如果指针向正方向偏转,则接电池正极的线头与电表正接线柱的线头为同名端;如果指针反向偏转,则接电池正极的线头与接电表负接线柱的线头为同名端,如图 1-22 所示。

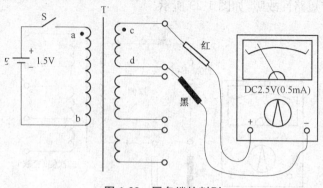

图 1-22　同名端的判别

另外,在测试时还应注意以下两点:

1)若电池接在变压器的升压绕组(即匝数较多的绕组),电表应选用小的量程,使指针摆动幅度较大,以利于观察;若变压器的降压绕组(即匝数较少的绕组)接电池,电表应选用较大量程,以免损坏电表。

2)接通电源的瞬间,指针会向某一个方向偏转,但断开电源时,由于自感作用,指针将向相反方向倒转。如果接通和断开电源的间隔时间太短,很可能只看到断开时指针的偏转方向,从而把测量结果搞错。所以接通电源后要等几秒钟再断开电源,也可以多测几次,以保证测量结果的准确。

另外还可以应用直接通电判别法,即将变压器一次侧接入电路,测出二次侧各绕组电压,将任意两绕组的任意端接在一起,用万用表测另两端电压,如等于两绕组之和,则接在一起的为异各端;如低于两绕组之和(若两绕组电压相等,则可能为0V),则接在一起的两端或两表笔端为同各端。其他依此类推。测量中应注意,不能将同一绕组两端接在一起,否则会短路,烧坏变压器。

1.4　半导体器件

半导体器件是介于导体和绝缘体之间的一种器件,常用的半导体器件有二极管、晶体管、集成电路等多种。

1.4.1　二极管的认识与检测

晶体二极管又叫半导体二极管,简称二极管,是具有一个 PN 结的半导体器件。二极管品种很多,外形、大小各异。常用的有玻璃壳二极管、塑封二极管、金属壳二极管、大功率螺栓状金属二极管、微型二极管、片状二极管等。按功能可分为检波二极管、整流二极管、稳压二极管、双向二极管、磁敏二极管、光敏二极管、开关二极管等。

1. 普通二极管基本结构及符号

二极管的文字符号为"VD",普通二极管结构符号如图 1-23 所示。

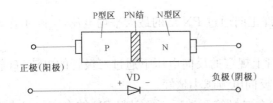

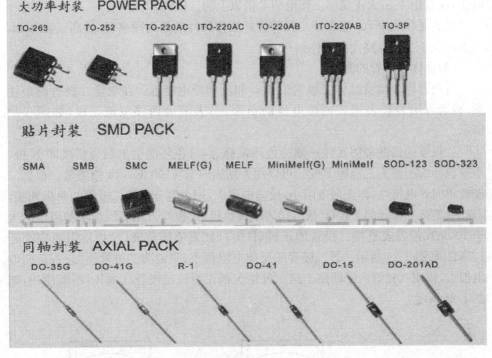

图 1-23　普通二极管的结构符号及外形图

　　P 区和 N 区之间形成一个结,称为 PN 结。P、N 区引出线就是两个电极。晶体二极管两管脚有正、负极之分。电路符号中,三角底边为正极,短杠一端为负极。实物中,有的将电路符号印在二极管上标示出极性;有的在二极管负极一端印上一道色环作为负极标记;有的二极管两端形状不同,平头为正极,圆头为负极。

2. 晶体二极管的特性及参数

(1)单向导电特性

　　晶体二极管具有单向导电特性,只允许电流从正极流向负极,而不允许电流从负极流向正极。根据制作材料不同有锗二极管和硅二极管,锗二极管和硅二极管在正向导通时具有不同的正向管压降。硅锗二极管当所加正向电压大于正向管压降时,二极管导通。锗二极管的正向管压降约为 0.3V,硅二极管正向电压大于 0.7V 时,硅二极管导通。另外,在相同的温度下,硅二极管的反向漏电流比锗二极管小得多。

（2）晶体二极管的主要参数

最大整流电流 I_{FM}：是指允许正向通过 PN 结的最大平均电流，实际工作电流应小于 I_{FM}，否则将损坏二极管。

反向电流 I_{CO}：指加在二极管上规定的反向电压下通过二极管的电流，硅管为 $1\mu A$ 或更小，锗管约为几百 μA，反向电流越小越好。

最大反向电压 U_{RM}：是指加在二极管两端而不致引起 PN 结击穿的最大反向电压，应选用 U_{RM} 大于实际工作电压 2 倍以上的二极管。

最高工作频率 f_M：指保证二极管良好工作特性的最高频率，称最高工作频率，至少应大于 2 倍电路实际工作频率。

（3）晶体二极管的测量

可用万用表测量晶体二极管的正向和反向导电特性。在测量二极管时应注意，普通万用表红表笔表内接电池的负极，黑表笔表内接电池正极，如图 1-24 所示。

二极管的极性常用元件一侧的色环来标志，带色环的引出端为负极即 N 极，不带色环的一侧为正极即 P 极。可以用万用表的 R×100、R×1k 挡测量。根据二极管单向导电特性，即正向电阻小，反向电阻大，用表笔分别与二极管的两极相接，若红表笔接二极管的正极（P 极），黑表笔接负极（N 极），万用表所指示的阻值应大于 $100k\Omega$；若黑表笔接二极管的正极（P 极），红表笔接负极（N 极），阻值应小于 $1.5k\Omega$，如图 1-24 所示。若二极管的反向电阻很小，则说明二极管短路；若正向电阻很大，说明二极管内部断路。这两种情况都说明该二极管已损坏，不能使用，如图 1-24 所示。

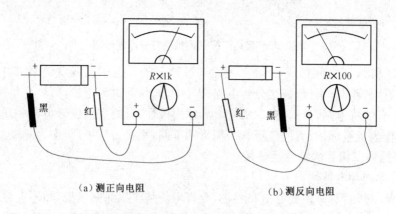

（a）测正向电阻　　　　　　　　　　　（b）测反向电阻

图 1-24　晶体二极管测量

3. 其他二极管符号及特性

二极管按功能可分为检波二极管、整流二极管、稳压二极管 、双向二极管、磁敏二极管 、光敏二极管、开关二极管等，常见二极管符号如图 1-25 所示。

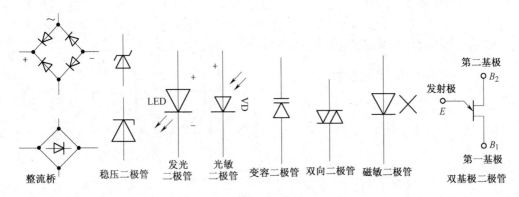

图 1-25 常见的二极管符号

(1)整流桥组件

整流桥组件是把两只或四只整流二极管按一定方式连接起来并封装在一起的整流器件,其功能和整流二极管相同。

整流桥组件在测量时,标"～"为交流输入端,标"＋"为电源输出正端,标"－"为电源输出负端。测量时分别测量交流输入端与输出端的正反阻值应符合普通二极管的数值,否则为坏。

(2)稳压二极管

稳压二极管是一种特殊二极管,因为它具有稳定电压的作用,所以称其为稳压管,以区别于普通二极管。

稳压二极管是利用 PN 结反向击穿后,其端电压在一定范围内基本保持不变的原理工作的。只要使反向电流不超过其最大工作电流 I_{ZM},稳压二极管是不会损坏的。由于硅管的热稳定性好,所以一般稳压二极管都用硅材料做成。

1)稳压管的主要参数。稳定电压及稳压值 V_Z:指正常工作时,两端保持不变的电压值,不同型号有不同的稳压值。

稳定电流 I_Z:指稳压范围内的正常工作电流。

最大稳定电流 I_M:指允许长期通过的最大电流,实际工作电流应小于 I_M 值,否则易烧坏。

最大允许耗散功率 P_M:指反向电流通过稳压管时,管子本身消耗功率的最大允许值。

2)稳压二极管的测量。与判别普通二极管电极的方法基本相同。即用万用表 $R×1k$、$R×10k$ 挡,先将红、黑表笔任接稳压管的两端,测出一个电阻值,然后交换表笔再测出一个阻值,两次测得的阻值应该是一大一小,所测阻值较小的一次即为正向接法。此时,黑表笔所接一端为稳压二极管的正极,红表笔所接的一端为负极。好的稳压管,一般正向电阻为 $10k\Omega$ 左右,反向电阻为无穷大(说明表内电池电压低于稳压值)。

利用外加电压法判别稳压值,如图 1-26 所示。改变 W 中点位置,开始时有变化,当 V 无变化时,指示的电压值即为稳压二极管的稳压值。由于 R1、R2 串在交流电路中不会有电击危险,所以电源也可以用兆欧表代用。

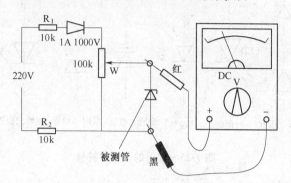

图 1-26　加电压法判别稳压值

(3)发光二极管

发光二极管(LED)是一种电致发光的半导体器件,它与普通二极管的相同点是也具有单向导电特性。发光二极管正向接入电路时才导通发光,反向接入电路时则截止不发光。发光二极管与普通二极管的根本区别是前者能将电能转换成光能,且管压降比普通二极管要大。单色发光二极管的材料不同,可产生不同颜色的光。

发光二极管的测量与普通二极管的方法基本相同,当表内电池电压较高时,在测量正向导通时还可以见到微弱的光。

(4)光敏二极管

光敏二极管是一种光致电的半导体器件,它与普通二极管的相同点是也具有单向导电特性。将光敏二极管接入电路时,有光照才导通,电路中形成电流。

光敏二极管在无光照时的测量与普通二极管的方法基本相同,即正通反不通。光敏二极管正向电阻较小(10~20kΩ),反向电阻较大(无穷大)。若正、反向电阻值都很小或很大,则说明光敏二极管已经击穿或内部开路,已不能使用。

如图 1-27 所示将万用表置于 R×1k 挡,红表笔接 P 极(正极),移去遮光黑纸片,使光敏二极管的透明窗口朝向光源(如自然光、白炽灯或手电筒),万用表指针应从无穷大位置向右明显偏转,偏转角度越大,说明光敏二极管的灵敏度越高。若将光敏二极管对准光源后,万用表指针无任何摆动,则表明被光敏二极管已经损坏。

(5)变容二极管

变容二极管是利用外加电压改变结电容而制成的压控电容元件。变容二极管的电压电流特性、内部结构与普通二极管相同,不同的是在一定的反向偏置电压下,变容二极管呈现较大的结电容,结电容 c_j 的容量能随所加的反向偏置电压的大小变化,反向电压越高,电容量越小;反向电压越小,其容量越大。变容二极管结容 c_j 的容量随外加反向偏置电压变化的规律称为压容特性。若将加有一定直流反

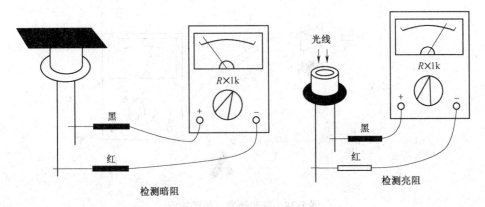

图 1-27　检测光敏二极管

向电压的变容二极管接入振荡器的回路中,使其结电容成为谐振回路电容的一部分,即可通过调节电压控制振荡器的振荡频率。

测量变容二极管与普通二极管的方法基本相同,将万用表置于 R×10k 挡,红表笔接正极、黑表笔接负极,变容二极管的两引脚间的电阻值应为无穷大。如果在测量中,发现万用表指针向右有轻微摆动或阻值为零,说明被测变容二极管有漏电故障或已经击穿损坏。将表笔反接,红表笔接负极、黑表笔接正极,所测阻值应在几百千欧左右。

(6)双向触发二极管

双向触发二极管也称两端交流器件(DIAC),具有结构简单、价格低廉等优点。用于触发双向晶闸管,可构成多种控制电路。

双向触发二极管属于三层二端半导体器件,其正、反向伏安特性完全对称。当器件两端的电压 V 小于正向转折电压 V 时,双向触发二极管呈高阻状态,当 V>双向触发二极管的耐压值 V_{BO} 时进入负阻区。同理,当 V 超过反向转折电压 V_{BR} 时,双向触发二极管也能进入负阻区。转折电压的对称性用 $\triangle V_B$ 表示,$\triangle V_B=V_{BO}-|V_{BR}|$,一般要求 $\triangle V_B<2V$。双向触发二极管的耐压值 V_{BO} 大致分为三个等级:$20\sim60V$、$100\sim150V$、$200\sim250V$。

将万用表置于 R×1k 或 R×10k 挡,测量双向触发二极管正、反向电阻值。正常时,其正、反向电阻值都应为无穷大(因为其正向转折电压和反向转折电压均大于20V,即大于表内电池电压)。测量中,若万用表指针摆动,则被测管损坏不能用。

利用外加电压法判别导通电压值如图 1-28 所示,万用表指示的电压值即为双向触发二极管导通电压值。由于 R1、R2 串在交流电路中不会有电击危险,电源也可以用兆欧表代用。

(7)磁敏二极管

磁敏二极管是一种新型的磁电转换器件,比霍尔元件的探测灵敏度高,且具有体积小、响应快、无触点、输出功率大及线性特性好的优点。将磁敏二极管接入电

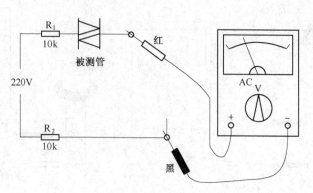

图 1-28　双向触发二极管检测

路时,有磁场靠近时导通,电路中形成电流。

用万用表测其反向电阻,用一磁铁在磁敏二极管旁边摆动,此时表针应摆动,说明磁敏二极管是好的(此法也为灵敏度测法);若不摆动,说明磁敏二极管是坏的,如图 1-29 所示。

(8)双基极二极管

双基极二极管又称单结晶体管(UJT),是一种只有一个 PN 结的三端半导体器件。它在一块高电阻率的 N 型硅片两端,制作两个欧姆接触电极(接触电阻非常小的、纯电阻

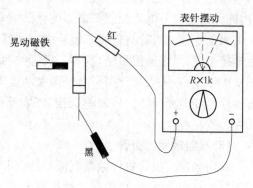

图 1-29　磁敏二极管检测

接触电极),分别叫做第一基极 b_1 和第二基极 b_2;硅片的另一侧靠近第二基极 b_2 处制作了一个 PN 结,在 P 型半导体上引出的电极叫做发射极 e。为了便于分析双基极二极管的工作特性,通常把两个基极 b_1 和 b_2 之间的 N 型区域等效为一个纯电阻 R_{bb},称为基区电阻。它是双基极二极管的一个重要参数,国产双基极二极管的 R_{bb} 在 $2\sim10k\Omega$ 范围内。R_{bb} 又可看成是由两个电阻串联组成的,其中 R_{b1} 为基极 b_1 与发射极 e 之间的电阻,R_{b2} 为基极 b_2 与发射极 e 之间的电阻。在正常工作时,R_{b1} 的阻值是随发射极电流 I_e 而变化的,可等效为一个可变电阻。PN 结的作用相当于一只二极管。

1)双基极二极管的参数:基区电阻 R_{bb} 和分压比 η。

①R_{bb} 是指在发射极开路状态下,两个基极之间的电阻,即 $R_{b1}+R_{b2}$,通常 R_{bb} 在 $3\sim10k\Omega$ 之间。

②η 是指发射极 e 到基极 b_1 之间的电压和基极 b_2 到 b_1 之间的电压之比,通常 η 在 $0.3\sim0.85$ 之间。

2）双基极二极管的检测。

①判别发射极 e：将万用表置于 R×1k 挡，用两表笔测得任意两个电极间的正、反向电阻值均相等（2～10kΩ）时，这两个电极即为 b_1 和 b_2，余下的一个电极则为发射极 e，图 1-30 所示。

②判别基极 b_1 和基极 b_2：将黑表笔接 e，用红表笔依次去接触另外两个电极，分别测得两个正向电阻值。制造工程中，第二基极 b_2 靠近 PN 结，所以发射极 e 与 b_1 间的正向电阻值大，两者相差几到十几千欧。因此，当按上述接法测得的阻值较小时，其红表笔所接的电极即为 b_2，测得阻值较大时，红表笔所接的电极则为 b_1。

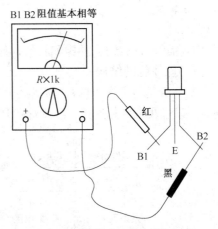

图 1-30　判别基极发射极

3）双基板二极管好坏的判断。万用表置于 R×100 或 R×1k 挡。将黑表笔接发射极 e，红表笔接 b_1 或 b_2 时，所测得的为双基极二极管 PN 结的正向电阻值。正常时应为几至十几千欧，比普通二极管的正向电阻值略大一些。将红表笔接在发射极 e，用黑表笔分别接 b_1 或 b_2，此时测得的为双基极二极管 PN 结的反向电阻值，正常时应为无穷大。将红、黑表笔分别接 b_1 和 b_2，测量双基极二极管 b_1、b_2 间的电阻值应在 2～10kΩ 范围内。阻值过大或过小，则双基极二极管不能使用，如图 1-31 所示。

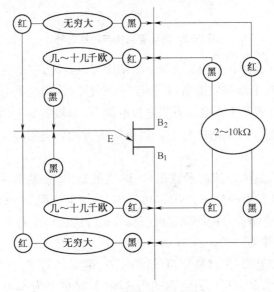

图 1-31　管子好坏的判断

1.4.2　晶体管的认识与检测

晶体管是各种电子设备的核心器件,在电路中能起放大、振荡、开关等多种作用。

1. 晶体管的结构、种类和特性、参数

(1)晶体管的结构

晶体管是由半导体材料制成两个 PN 结。它的三个电极与管子内部三个区—发射区、基区、集电区相连接。晶体管有 PNP 型和 NPN 型两种类型,如图 1-32 所示。

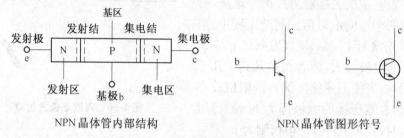

(a) NPN晶体管结构符号

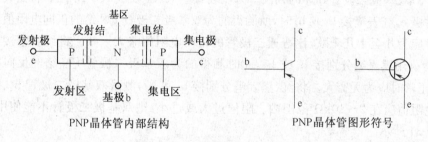

(b) NPN 结构符号

图 1-32　晶体管结构与电路符号

(a)图为 NPN 晶体管结构示意图。由图中可以看出,它由三块半导体组成,构成两个 PN 结,即集电结和发射结,共引出三个电极,分别是集电极 c、基极 b 和发射极 e。NPN 晶体管中工作电流有集电极电流 I_C、基极电流 I_b、发射极电流 I_e;I_c、I_b 汇合后从发射极流出,电路符号中发射极箭头方向朝外形象地表明了电流的流动方向。

(b)图是 PNP 晶体管结构示意图,不同之处是 P、N 型半导体的排列方向不同。电流方向是从发射极流向 PNP 晶体管内,基极电流和集电极电流都是从 PNP 晶体管流出,这从电路符号中的发射极箭头所指方向也可以看出。

(2)晶体管的种类

晶体管有多种类型:按材料分,有锗晶体管、硅晶体管等;按照极性的不同,又可分为 NPN 晶体管和 PNP 晶体管;按用途不同,又可分为大功率晶体管、小功率晶体管、高频晶体管、低频晶体管、光电晶体管;按用途的不同,则可以分为普通晶体管、带阻晶体管、带阻尼晶体管、达林顿晶体管、光敏晶体管等;按照封装材料的不同,则可分为金属封装晶体管、塑料封装晶体管、玻璃壳封装(简称玻封)晶体管、表面封装(片状)晶体管和陶瓷封装晶体管等,外形如图 1-33 所示。

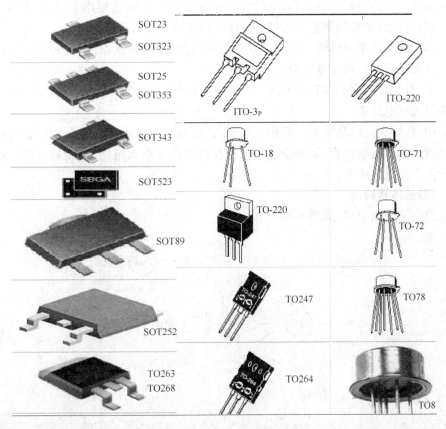

图 1-33　晶体管外形图

通常情况下,把最大集电极允许耗散功率 P_{CM} 在 1W 以下的晶体管称为小功率晶体管;把特征频率低于 3MHz 的晶体管称为低频晶体管;把特征频率高于 3MHz 而低于 30MHz 的晶体管称为中频晶体管;把特征频率大于 30MHz 的晶体管称为高频晶体管;把特征频率大于 300MHz 的晶体管称为超高频晶体管。超高频晶体管也称微波晶体管,其频率特性一般高于 500MHz,主要用于电视、雷达、导航、通信等领域中处理微波小段(300MHz 以上的频率)的信号。

高中频大功率晶体管一般用于视频放大电路、前置放大电路、互补驱动电路、高压开关电路及行推动电路等。

中、低频小功率晶体管主要用于工作频率较低、功率在 1W 以下的低频放大和功率放大等电路中。

中、低频大功率晶体管一般用在电视机、音响等家电中作为电源调整管、开关管、场输出管、行输出管、功率输出管或用在汽车电子点火电路、逆变器、应急电源(UPS)等系统电路中。

(3)晶体管特性

1)电流放大原理,如图 1-34 所示。

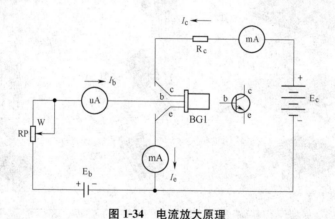

图 1-34 电流放大原理

①偏置要求:晶体管要正常工作,应使集电结反偏,电压值为几伏至几百伏,发射结正偏,硅管为 0.6～0.7V,锗管为 0.2～0.3V。即 NPN 型管应为 e<b<c 极电压时才能导通,PNP 型管应为 e>b>c 极电压时才能导通。

②放大原理:如图 1-34 所示,W 使 BG1 产生基极电流 I_b,则此时便有集电极电流 I_c,I_c 由电源经 R_c 提供。当改变 W 大小时,BG1 的基极电流便相应改变,从而引起集电极电流的相应变化。由各表显示可知,I_b 只要有微小的变化便会引起 I_c 很大变化。如果将 W 变化看成是输入信号,I_c 的变化规律是由 I_b 控制的,而 $I_c>I_b$,这样 BG1 通过 I_c 的变化反映了输入晶体管基极电流的信号变化,可见 BG1 将信号加以放大了。I_b、I_c 流向发射极,形成发射极电流 I_e。

综上所述,晶体管能放大信号是因为其具有 I_c 受 I_b 控制的特性,而 I_c 的电流能量是由电源提供的。所以,可以讲晶体管是将电源电流按输入信号电流要求转换的器件,将电源的直流电流转换成流过其集电极的信号电流。

PNP 型管工作原理与 NPN 型管相同,但电流方向相反,即发射极电流流向基极和集电极。

2)晶体管各极电流、电压之间的关系。由上述放大原理可知,各极电流关系为 $I_e = I_c + I_b$,又由于 I_b 很小可忽略不计,则 $I_e \approx I_c$;各极电压关系为:b 极电压与 e 极电压变化相同,即 $U_b \uparrow$、$U_e \uparrow$,而 b 与 c 关系相反,即 $U_b \uparrow$、$U_c \downarrow$。

(4)晶体管的工作状态

在应用中,如果改变其工作电压,则会形成三种工作状态,即截止区、导通(放大)区、饱和区。晶体管工作在不同区时具有不同特性。

1)截止状态:即当发射结零正偏(没有达到起始电压值)或反偏。集电结反偏时,晶体管不导通,此时无 I_b、I_c,也无 I_e,即晶体管不工作,此时 u_{ce} 约等于 $+V$。

2)放大状态:即当满足发射结正偏、集电结反偏条件时,晶体管形成 I_b、I_c,且 I_c 随 I_b 变化而变化,此时 U_e 和 U_{ce} 随 U_b 变化而变化,又称其工作在线性区域。

3)饱和状态:即集电结正偏,发射极正偏压大于 0.8V 以上,此时 I_b 再增大,I_c 几乎不再增大。当晶体管处于饱和状态后,其 U_{ce} 约为 0.2V。

晶体管的三种工作状态还可参见表 1-6。

表 1-6　晶体管在三个区的工作情况

工作区域		截止	放大	饱和
条件		$I_b \approx 0$	$0 < I_b < I_{cs}/\beta$	$I_b \geq I_{cs}/\beta$
工作特点	偏置情况	发射结和集电结均为反偏	发射结正偏,集电结反偏	发射结和集电结均为正偏
	集电极电流	$I_c \approx 0$	$I_c \approx \beta I_b$	$I_c = I_{cs}$,且不随 I_b 增加而增加
	管压降	$V_{ce} \approx E_c$	$V_{ce} = E_c - I_c R_c$	$V_{ce} \approx 0.3V$(硅管) $V_{ce} \approx 0.1V$(锗管)
	c、e 间等效内阻	很大,约为数百千欧,相当于开关断开	可变	很小,约为数百千欧,相当于开关闭合

(5)晶体管的主要参数

1)共发射极电流放大系数 β:指晶体管的基极电流 I_b 微小的变化能引起集电极电流 I_c 较大的变化,这就是晶体管的放大作用。由于 I_b 和 I_c 都以发射极作为共用电极,所以把这两个变化量的比值叫做共发射极电流放大系数,用 β 或 h_{FE} 表示,即 $\beta = \triangle I_c / \triangle I_b$。

常用的中小功率晶体管,β 值在 20～250 之间。β 值的大小应根据电路的要求选择,不要过分追求放大量。β 值过大的晶体管,其线性和工作稳定性都较差。

2)集电极反向电流(I_{cbo}):I_{cbo} 是指发射极开路时,集电结的反向电流。它是不随反向电压增高而增加的,所以又称为反向饱和电流。在室温下,小功率锗管的 I_{cbo} 约为 $10\mu A$,小功率硅管的 I_{cbo} 则小于 $1\mu A$。I_{cbo} 的大小标志着集电结的质量,良

好的晶体管 I_{cbo} 应该是很小的。

3）穿透电流（I_{ceo}）：I_{ceo} 是指基极开路，集电极与发射极之间加上规定的反向电压时，流过集电极的电流。穿透电流也是衡量晶体管质量的一个重要标准。它对温度更为敏感，直接影响电路的温度稳定性。在室温下，小功率硅管的 I_{ceo} 为几十 μA，锗管约为几百 μA。I_{ceo} 大的晶体管，热稳定性能较差，且寿命也短。

4）集电极最大允许电流（I_{cm}）：集电极电流大到晶体管所能允许的极限值时，叫做集电极的最大允许电流，用 I_{cm} 表示。使用晶体管时，集电极电流不能超过 I_{cm} 值，否则会引起晶体管性能变差甚至损坏。

5）发射极和基极反向击穿电压（BV_{ceo}）：指集电极开路时，发射结的反向击穿电压。虽然通常发射结加有正向电压，但当有大信号输入时，在负半周峰值时，发射结可能承受反向电压，该电压应远小于 BV_{ebo}，否则易使晶体管损坏。

6）集电极和基极击穿电压（BV_{cbo}）：指发射极开路时，集电极的反向击穿电压。在使用中，加在集电极和基极间的反向电压不应超过 BV_{cbo}。

7）集电极—发射极反向击穿电压（BV_{ceo}）：指基极开路时，允许加在集电极与发射极之间的最高工作电压值。集电极电压过高，会使晶体管击穿，所以使用时加在集电极的工作电压即直流电源电压，不能高于 BV_{ceo}。一般应使 BV_{ceo} 高于电源电压的一倍。

8）集电极最大耗散功率 P_{cm}：晶体管在工作时，集电结要承受较大的反向电压和通过较大的电流，因消耗功率而发热。当集电结所消耗的功率（集电极电流与集电极电压的乘积）无穷大时，就会产生高温而烧坏晶体管。一般锗管的 PN 结最高结温 $75℃\sim100℃$，硅管的最高结温 $100℃\sim150℃$。因此，规定晶体管集电极温度升高到不至于将集电结烧毁所消耗的功率为集电极最大耗散功率 P_{cm}。放大电路不同，对 P_{cm} 的要求也不同。使用晶体管时，不能超过这个极限值。

9）特征频率 f_T：表示共发射极电路中，电流放大倍数（β）下降到 1 时所对应的频率。若晶体管的工作频率大于特征频率时，晶体管便失去电流放大能力。

2. 晶体管的测量

（1）晶体管基极的判别

晶体管是由两个方向相反的 PN 结组成的，根据 PN 结正向电阻小、反向电阻大的性质，用万用表 R×100 挡或 R×1k 挡进行测试。可先假设任一个管脚为基极，用红表笔接基极，黑表笔分别接触另外两只管脚，若测得的均为低阻值；再将黑表笔接"基极"，红表笔接另外两个管脚，若读数均为高阻值，则上述假设的"基极"是正确的，而且为 PNP 型晶体管，如图 1-35 所示。

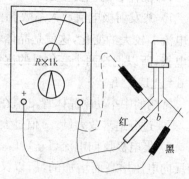

图 1-35　PNP 型晶体管基极判断

如果用黑表笔接假设"基极",红表笔分别接触另外两只管脚,若测得的均为低阻值。再将红表笔接"基极",黑表笔接另外两个管脚,若读数均为高阻值,则假设的"基极"是 NPN 型晶体管的基极,如图1-36所示。

如果用黑表笔或红表笔接假设的"基极",余下的表笔分别接触另外两只管脚,测得的结果一个是低阻值,一个是高阻值,则原假设的"基极"是错误的,这就要重新假定一个"基极"再测试,直到满足要求为止。

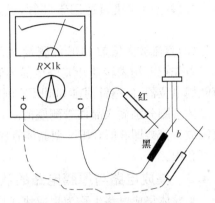

图 1-36　NPN 型晶体管基极判断

(2)发射极与集电极的判断

对于 NPN 型晶体管,判别的方法如下:用万用表 R×1k 挡,先让黑表笔接假设的"集电极",红表笔接"发射极"。手指沾点水,捏住黑表笔和"集电极",再接触基极(两个电极不能碰在一起),如图 1-37所示,即通过手的电阻给晶体管的基极加一正向偏置,使晶体管导通。此时观察表针的偏转情况,并记下表针指示的阻值。然后再假设另一只管脚为"集电极",重复上述测试,记下表针偏转的角度和表针指

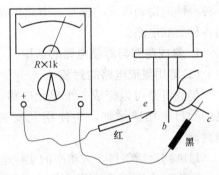

图 1-37　NPN 型晶体管集电极的确定

示的阻值。比较两次表针偏转所指示的阻值,表针偏转角度大、指示的阻值小的那次假定是正确的,即该次黑表笔接的就是集电极。

如果是 PNP 型晶体管,只要将红表笔接假设的"集电极",手指沾点水,捏住黑表笔和"发射极",再接触基极(两个电极不能碰在一起),按照上述方法测试即可,如图 1-38 所示。

快速识别:由于现在的晶体管多数为硅管,可采用 R×10k 挡(万用表内电池为 15V),红、黑表笔直接测 c、e 极,正反两次,其中有一次表针摆动(几百千欧左右)。如两次均摆动,以摆动大的一次

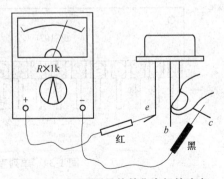

图 1-38　PNP 型晶体管集电极的确定

为准。NPN 管为红表笔接 c 极,黑表笔接为 e 极。PNP 管红表笔接 e 极,黑表笔

接 c 极(注意:此法只适用于硅管,另外此法也是区分光耦合器中 c、e 极最好方法)。

(3)直流放大倍数 hFE 的测量

首先把万用表转动开关拨至晶体管调节 ADJ 位置上,将红黑测试棒短接,调节欧姆电位器,使指针对准 300hFE 刻度线上,然后转动开关到 hFE 位置,将要测的晶体管脚分别插入晶体管测座的 e、d、c 管座内。指针偏转所示数值为晶体管的直流放大倍数即 β 值,NPN 型晶体管应插入 N 型管孔内,PNP 型晶体管应插入 P 型管孔内。

1.4.3　集成电路与厚膜电路的认识与检测

半导体集成电路也称为集成块或集成片子,在电路图中用 IC 表示。它利用半导体工艺将晶体二极管、晶体管、电阻、小容量电容等元器件制作在很小的硅片上,其数量可以达到几十、几百、几千甚至几亿个元器件,是现代高科技的产物。集成电路体积小、重量轻、可靠性高、成本低,不但减少了电子设备的元器件使用量,也使各种性能得到很大的提升。因此在收音机、电视机及各种电子设备中,都大量使用各种集成电路。

1. 集成电路与厚膜电路的认识

(1)常用集成电路的封装

集成电路可以完成一个单元电路、多个单元电路或整机功能。功能增加,引线的数目也相应增加。为使用及安装方便,常采用单列直插塑封和双列直插塑封。

1)单列直插塑封。大功率的集成电路为了便于加装散热片,将引线由一侧出,另一侧为散热片,这种封装形式为单列直插塑封,如图 1-39 所示。

图 1-39　单列直插塑封集成电路

2)双列直插塑封。功能较多但功率小的集成电路常采用双列直插塑封方式,这种方式可以安装较多的引出脚。图 1-40 所示为双列直插塑封集成电路顶视图。

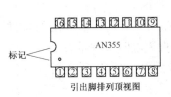

图 1-40　双列塑封集成电路

集成电路上部为散热片及安装孔,下部为引出脚,排列顺序从标记开始按逆时针方向排列。

(2)集成电路型号的命名方法

由于集成电路应用十分广泛,因此型号非常多,通常以制造厂商的英文缩写开头,后面用多位数字及字母来表示不同的型号。集成电路大部分是专用的,使用在特定的电路及设备上。检修时首先要确认集成电路的型号,根据型号查阅集成电路手册或该集成电路的电路原理图,了解集成电路的用途、内部结构和各引脚的功能。各引脚的功能大致可以分为电源供应、信号的输入和输出、完成功能所需外接元器件等三大类。

(3)厚膜电路

厚膜电路也称为厚膜块,其制造工艺与半导体集成电路有很大不同。它将晶体管、电阻、电容等元器件封装在陶瓷片或塑料上,其特点是集成度不是很高,但可以耐受的功率很大,常应用于大功率单元电路中。图 1-41 所示为厚膜电路,引出线排列顺序从标记开始从左至右依次排列。

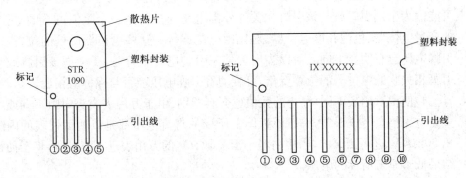

图 1-41　厚膜电路

2. 集成电路与厚膜电路的检测方法

检修集成电路的电子产品时,要先对集成电路进行判断,否则会事倍功半。首先掌握该集成电路的用途、内部结构原理、主要电特性等,必要时还要分析内部电路原理图。如果还有各引脚对地直流电压、波形、对地正反向直流电阻值就更容易判断了。然后按照故障现象判断其故障部位,再查找故障器件,有时需要多种判断方法去证明该器件是否损坏。一般对集成电路的检查判断方法有两种:一是不在线判断,即集成电路未焊入印制电路板的判断方法。在没有专用仪器设备的条件下,要确定集成电路的好坏非常困难,一般情况下可用直流电阻法测量各引脚对应接地脚之间的正反向电阻值并与完好的集成电路进行比较,也可以采用替换法把可疑的集成电路插到正常电路同型号的集成电路位置上来确定其好坏;二是在线检查判断,即集成电路连接在印制电路板上的判断方法。在线判断是检修集成电路最实用和有效的方法。下面介绍几种常用的检修方法。

(1)电压测量法

用万用表测出各引脚对地的直流工作电压值,然后与标称值相比较,依此来判断集成电路好坏。但要区别非故障性的电压误差。测量集成电路各引脚的直流工作电压时,如遇到个别引脚的电压与原理图或维修技术资料中所标电压值不符,不要急于断定集成电路已损坏,应该先排除以下几个因素后再确定。

1)原理图上标称电压是否有误:因为常有一些说明书、原理图等资料上所标的数值与实际电压值有较大差别,有时甚至是错误的。此时,应多找一些有关资料进行对照,必要时分析内部图与外围电路,对所标电压进行计算或估算来验证所标电压是否正确。

2)标称电压的性质应区别开,即电压是属静态工作电压还是动态工作电压。因为集成块的个别引脚随着注入信号的有无而明显变化,此时可把频道开关置于空频道或有信号频道,观察电压是否恢复正常。若后者正常,则说明标称电压属动态工作电压,而动态电压又是指在某一特定的条件下而言,当测试时,动态电压随接收场强不同或音量不同有变化。

3)外围电路可变元件可能引起引脚电压变化:当测出电压与标称电压不符时,可能因为个别引脚或与该引脚相关的外围电路连接的是一个阻值可变的电位器,如音量电位器、色饱和度电位器、对比度电位器等。这些电位器所处的位置不同,引脚电压会有明显不同。所以当出现某一引脚电压不符时,要考虑该引脚或与该引脚相关联的电位器的位置变化,可旋动看引脚电压能否与标称值相近。

4)使用万用表不同,测得的数值也会有差别:由于万用表表头内阻不同或不同直流电压挡会造成误差,一般原理图上所标的直流电压都是以测试仪表的内阻大于 $20k\Omega/V$ 进行测试的,当用内阻小于 $20k\Omega/V$ 的万用表进行测试时,将会使被测结果低于原来所标的电压。

综上所述,在集成块没有故障的情况下,由于某种原因也会使所测结果与标称值不同,所以在进行集成块直流电压或直流电阻测试时要规定一个测试条件,尤其是要作为实测经验数据记录时更要注意这一点。通常把各电位器旋到机械中间位置,信号源采用一定场强下的标准彩条。若能再记录各电位器同时在最小值和最大值时的电压值,就更具有代表性了。如果排除以上几个因素后,所测的个别引脚电压还是不符标称值时,则需进一步分析原因,但不外乎有两种可能:一是集成电路本身故障引起;二是集成块外围电路造成。如何区分这两种故障源是修理集成电路的关键。

(2)在线直流电阻普测法

如果发现引脚电压有异常,可以先测试集成电路的外围元器件好坏来判定集成电路是否损坏。断电情况下测定阻值比较安全,而且可以在没有资料和数据以及不必要了解其工作原理的情况下,对集成电路的外围电路进行在线检查。在相关的外围电路中,以快速的方法对外围元器件进行一次测量,以确定是否存在较明显的故障。方法是用万用表 R×10 挡分别测量二极管和晶体管的正反向电阻值。此时由于电阻挡位定得很低,外电路对测量数据的影响较小,所以可明显地看出二极管、晶体管的正反向电阻值,尤其是 PN 结的正向电阻增大或短路更容易发现。其次可对电感是否开路进行普测,正常时电感两端的在线直流电阻只有零点几欧最多至几十欧,具体阻值要看电感的结构而定。若测出两端阻值较大,那么即可断定电感开路。继而根据外围电路元件参数的不同,采用不同的电阻挡位测量电容和电阻,检查是否有较为明显的短路和开路性故障,首先排除由于外围电路引起个别引脚的电压变化,再判定集成电路是否损坏。

(3)电流流向跟踪电压测量法

此方法是根据集成电路内部和外围元件所构成的电路,并参考供电电压(即主要测试点的已知电压)进行各点电位的计算或估算,然后对照所测电压是否符合正常值来判断集成块的好坏。本方法必须具备完整的集成块内部电路图和外围电路原理图。

(4)在线直流电阻测量对比法

它是利用万用表测量待查集成电路各引脚对地正反向直流电阻值与正常值进行对照来判断好坏。这一方法是一种机型同型号集成电路的正常可靠数据,以便和待查数据相对比,应注意事项如下:

1)规定测试条件:测验记录前先记下被测机牌号、机型、集成电路型号,并设定与该集成电路相关电路的可变电位器应在机械中心位置,测试后的数据要注明万用表的直流电阻挡位,一般设定在 R×1k 或 R×10 挡,红表笔接地或黑表笔接地测两个数据。

2)应注意测量造成的误差:测试用万用表要选内阻≥20kΩ/V 的万用表,并且确认该万用表的误差值在规定范围内,并尽可能用同一台万用表进行数据对比。

3)原始数据所用电路应和被测电路相同:机牌号、机型不同,但集成电路型号相同,还是可以参照的。不同机型不同电路要区别,因为同一块集成电路可以有不同的接法,所得直流电阻值也有差异。

(5)非在线数据与在线数据对比法

集成电路未与外围电路连接时,所测得的各引脚对应地脚的正反向电阻值称为非在线数据。非在线数据通用性强,可以对不同机型、不同电路、集成电路型号相同的电路作对比。具体测量对比方法如下:首先把被查集成电路的接地脚用空心针头和烙铁使之与印制电路板脱离,再对应于某一怀疑引脚进行测量对比。如果被怀疑引脚有较小阻值电阻连接于地与电源之间,为了不影响被测数据,该引脚也可以与印制电路板开路。例如:CA3065E 只要把第②、⑤、⑥、⑨、⑫五个引脚与印制电路板脱离后,各引脚应和非在线原始数据相同,否则集成电路有故障。

1.5　开关、继电器与接插件

1.5.1　常用开关件的认识与检测

1. 开关件的认识与检测

作为电气控制部件的各种开关其工作原理虽有不同,但是其结构和性能却有很多相同之处。本节介绍各种开关的通用结构和要求及检查方法。

(1)开关的一般结构

各种开关的外形如图 1-42 所示。

开关的主要工作元件是触点(又称接点),依靠触点的闭合(即接触状态)和分离来接通和断开电路。在电路要求接通时,通过手动或机械作用使触点闭合;在电路要求断开时,通过手动或机械作用使触点分离。触点或簧片都要具有良好的导电性。触点的材料为铜、铜合金、银、银合金、表面镀银、表面镀银合金。用于低电压(如直流 2V)的开关,甚至还要求触点表面镀金或金合金。簧片要求具有良好的弹性,多采用厚度为 0.35~0.50mm 的磷青铜、铍青铜材料制成。

簧片安装于绝缘体上,绝缘体的材料多为塑料制成,有些开关还要求采用阻燃材料。簧片或穿插入绝缘体的孔中,用簧片的刺定位或直接在注塑时固定于绝缘体中。

(2)开关的性能要求

1)触点能可靠地通断。为了保证触点在闭合位置时能可靠地接通,主要要求两触点在闭合时要具有一定的接触压力。

2)两触点接触时的接触电阻要小于某一值。如作电源开关的触点(如定时器的主触点,多数开关的触点)的初始接触电阻不能大于 $30M\Omega$,经过寿命试验后,接触电阻不能大于 $200M\Omega$。接触压力不足将会产生接触不良、开关时通时断的故障,常说的触点"抖动"现象就是接触压力不足的表现。接触电阻大将会使触点温度升高,严重时会使接触点熔化而粘结在一起。

3)开关还要求安装位置固定,簧片和触点定位可靠。

4)开关的带电部分与有接地可能的非带电金属部分及人体可能接触的非金属表面之间要保持有足够的绝缘距离,绝缘电阻应在 $20M\Omega$ 以上。

(3)对开关的检修

常用的检查方法有三种,即观察法、万用表检查法、短接检查法。

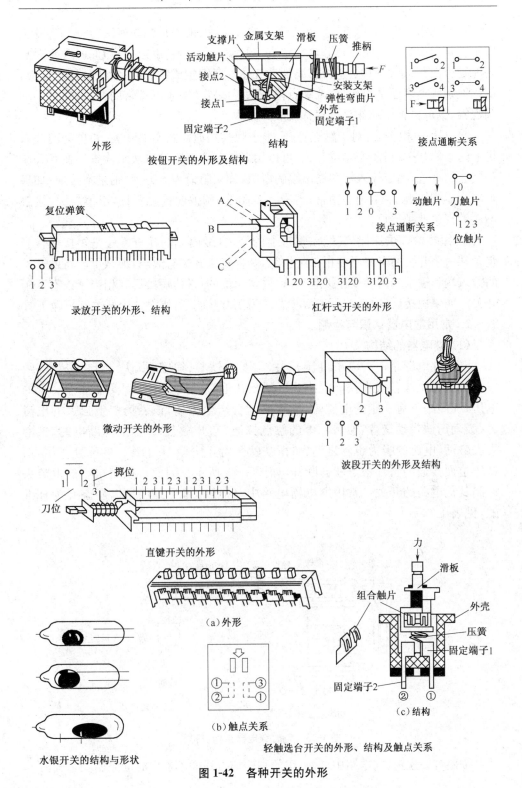

图 1-42　各种开关的外形

1) 观察法：对于动作明显、触点直观的开关，可采用目视观察法检查。将开关置于正常工作时应该闭合及分离的状态，观察触点是否接触或分离，同时观察触点表面是否损坏、是否积碳、是否有腐蚀性气体的腐蚀生成物（如针状结晶的硫化银、氯化银），触点表面是否变色，两触点位置是否偏移。对于不正常的开关，通过手动和观察，也可检查出动作是否正常及故障原因。

2) 万用表检查法：对于触点隐蔽、难于观察到通断状态的开关，如自动型洗衣机上的水位开关、封闭型琴键开关，可以用万用表测电阻的方法来检查。在开关应该接通的位置，测定输入端和输出端的电阻，如果阻值为无穷大，则是不接通；如果阻值为零或接近于零，则是正常；若有一定阻值，则说明接触不良，阻值越大，接触不良的现象就越严重。

3) 短接检查法：对于装配在整机上的开关，最简单的检查方法是短接法。当包含某一个开关的电路不能正常工作时，若怀疑该开关有故障，那么可以将此开关的输入端和输出端用导线连接起来，即通常所说的短接，短接后就相当于没有这个开关。如果短接后，原来的不正常状态转为正常状态了，则是这个开关有故障了。

2. 常用继电器认识与检测

(1) 继电器的结构

电磁继电器是一种电子机械开关，主要由铁心、线圈、衔铁、触点、簧片等组成。线圈是用漆包线在铁心上绕几百圈至几千圈。只要在线圈两端加上一定的电压，线圈中就有一定的电流流过，铁心就会产生磁场，该磁场产生强大的电磁力，吸动衔铁带动簧片，使簧片上的触点接通（常开触点）。当线圈断电时，铁心失去磁性，电磁的吸力也随之消失，衔铁就会离开铁心，由于簧片的弹性作用，衔铁压迫而接通的簧片触点就会断开，如图 1-43 所示。因此可以用很小的电流去控制其他电路的开关。常用继电器电路中，触点的符号画法是以静态时为标准的，见表 1-7。

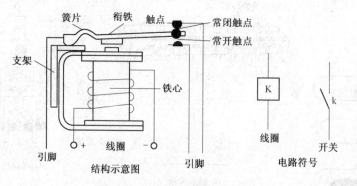

图 1-43　电磁继电器结构、符号

按照有关规定，在电路中，触点组的画法应按线圈不通电时的原始状态画。

表 1-7　继电器电路中触点的符号画法

线圈符号	触点符号	
KR	kr-1	动合触点(常开),称 H 型
	kr-2	动断触点(常闭),称 D 型
	kr-3	切换触点(转换),称 Z 型
KR1	krl-1　　　krl-2　　　krl-3	
KR2	kr2-1　　　kr2-2	

(2)电磁继电器的主要参数

1) 额定工作电压(或额定工作电流):指继电器可靠工作时加在线圈两端的电压(或流过线圈的电流)不应超过此值。

2)直流电阻:指继电器线圈的直流电阻。额定电压 U、额定电流 I、直流电阻 R 之间的关系为: $R=U/I$。

3) 吸合电压(或电流):指继电器能够产生吸合动作的最小电压(或电流)。如果只给继电器线圈加上吸合电压,吸合动作是不可靠的,因为电压稍有波动,继电器就有可能恢复到原始状态。只有缎带线圈加上额定工作电压时,吸合动作才可靠。在实际使用中,要使继电器可靠地吸合,所加电压可略高于额定工作电压,但一般不要大于额定工作电压的 1.5 倍,否则易使线圈烧毁。

4) 释放电压(或电流):当继电器吸合状态恢复原位时,所允许残存于线圈两端的最大电压(或电流)。使用中,控制电路在释放继电器时,其残存电压(或电流)必须小于释放电压(或电流),否则继电器将不能可靠释放。

5) 触点负荷:指继电器触点允许施加的电压和通过的电流。它决定了继电器能控制的电压和电流的大小。使用时不能用触点负荷小的继电器去控制高电压或大电流。

(3)继电器的检测

1) 判别类型(交流或直流):电磁继电器分为交流与直流两种,在使用时必须加以区分。因为交流电不断呈正弦变化,当电流经过零值时,电磁铁的吸力为零,这时衔铁将被释放;电流过了零值,吸力恢复又将衔铁吸入,伴着交流电的不断变化,衔铁将不断地被吸入和释放,从而产生剧烈的振动。为了防止这一现象的发生,在交流继电器的铁心顶端装一个铜制的短路环。短路环的作用是,当交变的磁通穿过短路环时,在其中产生感应电流,从而阻止交流电过零时原磁场的消失,使衔铁和磁轭之间维持一定的吸力,从而消除了工作中的振动。另外,在交流继电器的线圈上常标有"AC"字样,在直流继电器上标有"DC"字样,直流器没有铜环。有些继电器标有 AC/DC,则要按标称电压正确使用。

2)测量线圈电阻:根据继电器标称直流电阻值,将万用表置于适当的电阻挡,可直接测出继电器线圈的电阻值。

3)判别触点的数量和类别:在继电器外壳上标有触点及引脚功能图,可直接判别;若无标注,可拆开继电器外壳,仔细观察继电器的触点结构,即可知道该继电器的触点数量和类别。

4)检查衔铁工作情况:用手拨动衔铁,看衔铁活动是否灵活。如果衔铁活动受阻,应找出原因加以排除。另外,也可用手将衔铁按下,然后再放开,看衔铁是否能在簧片的作用下返回原位。注意,簧片比较容易被锈蚀,应作为重点检查部位。

5)检测继电器工作状态:测试电路如图 1-44 所示。按图连接好电路,将稳压电源的电压从低逐渐向高缓慢调节,当听到衔铁"嗒"一声吸合时,记下吸合电压和电流值。

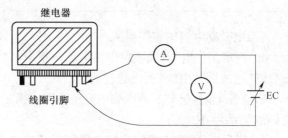

图 1-44　继电器测试电路

当继电器产生吸合动作以后,再逐渐降低线圈两端的电压,这时表上的电流读数将缓慢减小,当减到某一数值时衔铁就会释放掉,此时的数据便是释放电压和释放电流。一般继电器的释放电压大约是吸合电压的10%～50%。如果被测继电器的释放电压小于1/10吸合电压,此继电器就不应再继续使用。

6)测量触点接触电阻:用万用表 R×1 挡先测量常闭触点的电阻,阻值应为零。然后测量常开触点的电阻,阻值应为无穷大。接着按下衔铁,这时常开触点闭合,电阻变为零;常闭触点打开,电阻变为无穷大。如果动静触点转换不正常,可轻轻拨动相应的簧片,使其充分闭合或打开。如果触点闭合后接触电阻极大或触点已经熔化,该继电器则不能再继续使用。若触点闭合后接触电阻时大时小不稳定,但触点完整无损,只是表面颜色发黑,这时应用细砂纸轻擦触点表面,使其接触良好。

1.5.2　接插件的认识

在电子设备中,分立元器件或集成电路与印制电路板之间、基板与机匣间、机屉与机架面板之间等采用各类接插件进行电器连接。接插件的种类繁多,按其外形与用途可分为:圆形、矩形插头座,印制电路板插头座,耳机、耳塞插头座,电源用插头座,高频插头座,香蕉插头座等。

1. 两芯插头座

插头座过去较常见的是扩音机、电唱机、音响设备中的 6mm(6.35mm)、8mm直径的品种,现在的音响及录像机等仍较多采用 6mm 插头座,主要是用作传声器及耳机插头座。在电子制作中及一些袖珍型家电产品中,3.5mm 和 2.5mm 插头座被广泛应用。

插头插座的文字符号分别用 XP 和 XS 表示。旧标准中,插头用 CT,插座用CK 表示。插头座用得较多的是两芯插头座,立体声耳机常用三芯的。插头座大都兼有开关功能。

两芯插头的符号如图 1-45(a)所示,图 1-45(b)、(c)为其外形与内部构造图。插头前端的小圆球称为插头尖,插头中间部分的圆柱体称为插头套,插头尖与插头套中间用绝缘胶木隔开。插头尖的引出端是焊片 1,插头套的引出端是焊片 2,焊片 2 带有线夹,供固定引出线用。

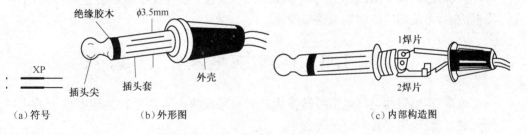

(a)符号　　　　　　(b)外形图　　　　　　　　(c)内部构造图

图 1-45　两芯插头的电路符号与外形

两芯插座的符号如图 1-46(a)所示,图 1-46(b)为筒形插座的外形,图 1-46(c)为方形插座的外形。在插座中,焊片 C 与动簧片相连,焊片 B 与定簧片相连,焊片A 与外壳相连。各焊片之间都用绝缘胶木彼此隔开。当插头没有插入插座时,插座尖把动簧片向外推开,使动、定簧片分开。这时,插头尖与插座中的动簧片相连接,插头套与插座中的外壳相连接。

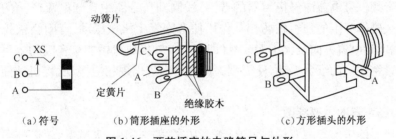

(a)符号　　　(b)筒形插座的外形　　　(c)方形插头的外形

图 1-46　两芯插座的电路符号与外形

两芯插头与插座的规格均从插头的外径来区分,常用的有 2.5mm、3.5mm、4.5mm、6.35mm 等几种。

2. 印制电路板插座

在单元电路需经常变动测试的电子装置中,常采用适当的印制电路板插座来沟通印制电路与底板电路之间的联系。常用的印制电路板插座有 CZJX、CY1、CY24、CY401 等。印制电路板插座外形如图 1-47 所示。

选用印制电路板插座时,必须与印制电路板(插头)配合,主要规格有:排数(单排和双排,后者适用双面印制电路板插头)、芯数(应有插头芯数相符)、间距(相邻接触簧片间的距离)和有无定位等。

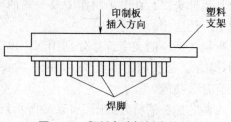

图 1-47　印制电路板插座外形

此外,印制电路板插座的接触簧片有镀金和镀银两种。在要求较高的场合,如印制电路板数量多、尺寸大、接触点多、工作环境潮湿及腐蚀性气体含量大等,应该考虑用镀金插座;对要求不高的大、中型电子装置及小电路装置来讲,为了降低成本,可采用镀银印制电路板插座。

1.6　电声/声电器件

电声/声电器件是将电信号转换为声音信号或将声音信号转换成电信号的换能元件,广泛应用于各种电子设备中。

1.6.1　常用电声器件认识与检测

1. 扬声器

扬声器又称为喇叭,是一种电声转换器件,它将模拟的话音电信号转化成声波。它是收音机、录音机、音响设备中的重要元件。

(1)结构外形符号

扬声器结构外形符号如图 1-48 所示,代表字母为 B 或 Y。

当音频信号电流流经扬声器的音圈(线圈)时,音圈中音频电流产生的交变磁场与永久磁体产生的强恒磁场相互作用使音圈发生机械振动,音圈会被拉入或推出,其幅度随电流方向及大小而改变(即将电能转换成机械能),音圈的上下振动带动与其紧密连接的纸盆振动,使周围大面积的空气出现相应振动,将机械能转换成声能。

(2)扬声器的主要参数

扬声器的主要参数有标称阻值、额定功率、频率响应、灵敏度、谐振频率等。

1)标称阻抗:标称阻抗又称额定阻抗,是指扬声器的交流阻抗值,在此交流阻

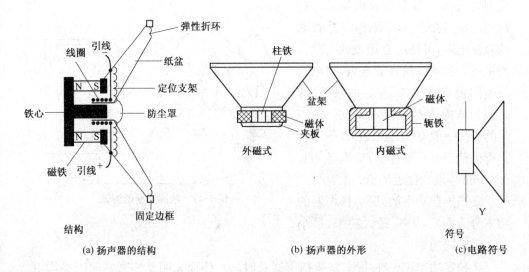

图 1-48　扬声器的结构外形符号

抗值可获得最大输出功率,是扬声器的重要参数,一般印在磁钢上。口径小于 90mm 的扬声器的标称阻抗是用 1000Hz 的测试信号测出的,大于 90mm 的标称阻抗则是用 400Hz 测试频率测量出的。选用扬声器时,其标称阻抗应与放大器的输出阻抗相符,从而获得最大输出功率和最佳音质。

2)标称功率:又称额定功率,是指扬声器能长时间正常工作的允许输入功率。扬声器在额定功率下工作是安全的,失真度也不会超出规定值。实际上扬声器能承受的最大功率要比额定功率大,所以在应用中不必担心因音频信号幅度变化过大、瞬时或短时间内音频功率超出额定功率值而导致扬声器损坏。常用扬声器的功率有 0.5W、1W、3W、10W 等。

(3)扬声器的检查测量

1)从外表观察扬声器的铁架是否生锈;纸盆是否受潮、发霉、破裂;引线有无断线、脱焊或虚焊;磁体是否摔跌开裂、移位;用改锥靠近磁体检查其磁力的强弱。

2)扬声器的测量。

①线圈通断的测试:将万用表置于 R×1 挡,用两表笔(不分正负极)点触其接线端,听到明显的"咯咯"响声,如图 1-49 所示,表明线圈未断路。再观察表针停留的地方,若测出来的阻抗与所标阻抗相近,说明扬声器良好;如果实际阻值比标称阻值小得多,说明扬声器线圈存在匝间短路;若阻值为∞,说明线圈内部断路,或接线端有可能断线、脱焊或虚焊。

②扬声器阻抗的判别:信号源(如功放机)的输出阻抗与扬声器的额定阻抗相等时,扬声器获得的功率最大。使用中若两者配接不当,轻则发音不清,音质变差,

重则导致扬声器和功放机损坏。扬声器的额定阻抗不等于扬声器音圈的直流电阻,可使用万用表的电阻挡测量扬声器音圈的直流电阻,把测得的电阻值乘以 1.25 左右的系数,即近似为该扬声器的额定阻抗。扬声器的阻抗一般有 4Ω、8Ω、16Ω 等。若算得的值带有小数部分,应取与 4Ω、8Ω、16Ω 等最相接近的值为准。

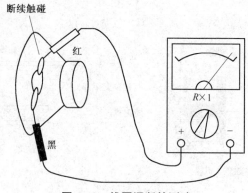

图 1-49　线圈通断的测试

③扬声器功率的判别:扬声器的功率分为额定功率、最大功率、最小功率和瞬间功率。

④额定功率称标称功率,是指扬声器长时间工作而无明显失真的输入平均电功率。在实际设计时,扬声器的额定功率一般留有余量,且在标签上有标注。扬声器在额定功率下工作,失真不会超过规定值,音圈也不会发生过热现象。为了获得较好的音质,扬声器的输入功率应小于其额定功率,输入功率应在额定功率的 $1/2\sim2/3$ 之间。

⑤扬声器好坏及性能的判别:在选购和使用扬声器时,用万用表 R×1 挡断续测量扬声器接线柱两端的直流电阻(即音圈的直流电阻,如图 1-49 所示)。若直流电阻值与额定阻抗值接近(约为额定阻抗的 0.8 倍,通常在 $4\sim16\Omega$ 范围),且扬声器发出"喀啦"声,说明扬声器基本正常。"喀啦"声越大,说明电声转换效率越高;"喀啦"声越清脆、干净,说明音质越好。若"喀啦"声很小甚至没有,但直流电阻正常,说明音圈被卡住。若无"喀啦"声,且直流电阻为无穷大,说明该扬声器引线已断或音圈开路。

⑥扬声器相位的判别:扬声器的相位也称正、负极性,是指当有直流电流接入扬声器时,纸盆向前运动,则以电流流入端为正极。由于这种规定是任意的,因此单只扬声器工作时,可不分正负极。当多只扬声器并联时,应使它们的正极与正极相连,负极与负极相连;多只扬声器相串联时,应使一只扬声器的正极接另一只扬声器的负极,依次连接起来,才能使多只扬声器同相工作。扬声器正、负极的判别方法如下:使用万用表的 $50\mu A$ 或 $250\mu A$ 挡,将两表笔并联在扬声器的接线柱两端,按压纸盆(但用力不要太大,以免损坏纸盆),若表头指针自左向右摆动,则接黑表笔一端为扬声器的正极;若表头指针自右向左摆动,则接红表笔一端为扬声器的正极,如图 1-50 所示。

使用万用表的 R×1 挡,用红、黑两只表笔分别接触扬声器的两接线端,仔细查看纸盆运动方向。若纸盆向前运动,则黑表笔接触的接线端为扬声器的正极(黑表笔接表内电池正极);若纸盆向后运动,则红表笔接触的接线端为扬声器的正极(红表笔接表内电池负极),如图 1-51 所示。

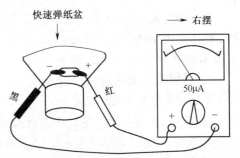

图 1-50　使用万用表的 50μA 挡判别扬声器正、负极

　　使用一节干电池,用导线让其正、负极分别瞬间接触扬声器的两接线端,仔细观察纸盆运动方向。若纸盆向前运动,则接电池正极的一端为扬声器的正极;若纸盆向后运动,则接电池负极的一端为扬声器的正极。

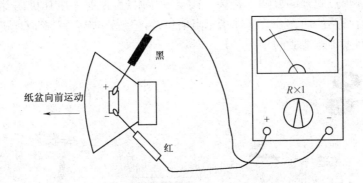

图 1-51　使用万用表的电阻挡判别扬声器正、负极

2. 耳机和耳塞

(1)耳机和耳塞的外形和符号

　　耳机和耳塞也是一种电声转换器件,其结构与电动式扬声器相似,也是由磁铁、音圈和振动膜片等组成,但耳机和耳塞的音圈多是固定的。图 1-52 所示是耳机和耳塞的外形和符号图。

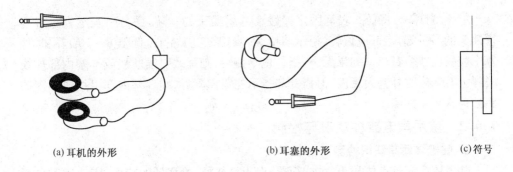

(a)耳机的外形　　　　　　(b)耳塞的外形　　　　　(c)符号

图 1-52　耳机和耳塞的外形与符号

　　耳机和耳塞可分为单声道式和双声道式,耳机多数为低阻抗类型,如 $20\Omega\times2$ 和 $30\Omega\times2$,常用的为平膜动圈式。耳塞有高阻和低阻两种,高阻为 800Ω 或 $1.5k\Omega$,低阻为 8Ω、10Ω 或 16Ω。

　　(2)耳机和耳塞的检测

　　耳机和耳塞的检测,如图 1-53 所示。

　　1) 检测双声道耳机:在双声道耳机插头的三个引出点中,一般插头后端的接触点为公共点,前端分别为左右声道引出端。检测时,将万用表任一表笔接在耳机插头的公共点上,然后用另一表笔分别触碰耳机插头的另外两个引出点,相应的左或右声道应发出"喀喀"声,指针应偏转,指示值分别为 20Ω 或 30Ω 左右,而且左右声道的耳机阻值应对称。如果测量时无声,指针也不偏转,说明相应的耳机有引线断裂或内部焊点脱开的故障。若指针摆至零位附近,说明相应耳机内部引线或耳机插头处有短路的地方。若指针指示阻值正常,但发声很轻,一般是耳机振膜片与磁铁间的间隙不对造成的。

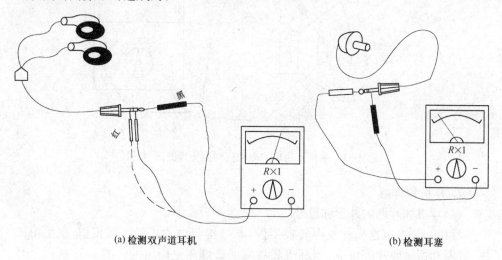

(a) 检测双声道耳机　　　　　　　　　　　　　(b) 检测耳塞

图 1-53　耳机和耳塞的检测

　　2) 检测耳塞:将任一表笔固定接触在耳塞插头的一端,用另一表笔去触碰耳塞插头的另一端,指针应偏转,指示值应为:高阻 800Ω 左右,低阻 $8\sim10\Omega$,同时耳塞中应发出"喀喀"声。如果无声,指针也不偏转,则耳塞引线断裂或耳塞内部焊线脱开。若触碰时耳塞内无声,但指针却指示在零值附近,则耳塞内部引线或耳塞插头处存在短路故障。

1.6.2　常用声电器件认识与检测

1. 驻极体话筒认识检测

　　驻极体话筒具有体积小、结构简单、电声性能好、价格低的特点,广泛用于录音机设备、无线话筒及各种声控设备中。

（1）驻极体话筒的构成特性

驻极体话筒由声电转换和阻抗变换两部分组成。它的内部结构如图 1-54所示。

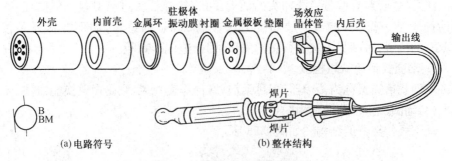

图 1-54　驻极体话筒的结构

当驻极体膜片遇到声波振动时,产生了随声波变化而变化的交变电压。它的输出阻抗值很高,一般为几十兆欧以上,不能直接与音频放大器相匹配,因此在话筒内接入一只结型场效应晶体管来进行阻抗变换。

（2）驻极体话筒的检测

断路和短路故障:将万用表置于 R×100 挡,红表笔接驻极体话筒的芯线或信号输出点,黑表笔接引线的金属外皮或话筒的金属外壳。一般所测阻值应在500Ω～3kΩ 范围内。若所测阻值为无穷大,则说明话筒断路;若测得阻值接近零时,则说明话筒有短路故障。

灵敏度测量法:如图 1-55 所示,将万用表置于 R×100 挡,将红表笔接话筒的负极(一般为话筒引出线的芯线),黑表笔接话筒的正极(一般为话筒引出线的屏蔽层),此时万用表指示应有一定的阻值,正对着话筒吹气,万用表的指针应有较大幅度的摆动。万用表指针摆动的幅度越大,说明话筒的灵敏度越高;若万用表的指针摆动幅度很小,则说明话筒灵敏度很低,使用效果不好。如发现万用表的指针不摆动,可交换表笔位置再次吹气试验;若指针仍然不摆动,则说明话筒已经损坏。另外,如果在未吹气时,指针指示的阻值便出现漂移不定的现象,说明话筒热稳定性很差,不应继续使用。

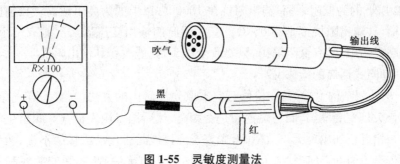

图 1-55　灵敏度测量法

对于有三个引出端的驻极体话筒,只要正确区分出三个引出线的极性,将黑表笔接正电源端,红表笔接输出端,接地端悬空,采用上述方法仍可检测鉴定话筒性能的好坏。

注意事项:对有些带引线插头的话筒,可直接在插头进行测量。但要注意,有的话筒上装有开关,测试时要将此开关拨置"ON"的位置,而不能将开关拨置"OFF"的位置,否则将无法进行正常测试,因而造成误判断。

3. 动圈式话筒认识检测

动圈式话筒又称为传声器,俗称话筒,音译作麦克风,它是声电换能器件。

(1)动圈式传声器的结构图

动圈式传声器的结构图如图 1-56 所示。

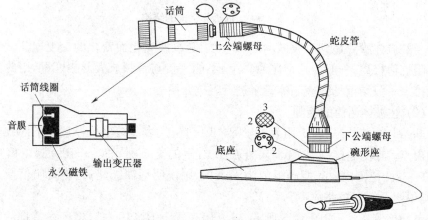

图 1-56　动圈式话筒的结构

动圈式传声器由振动膜片、可动线圈、永久磁铁和变压器等组成。振动膜片随声波压力振动,并带动着和它装在一起的可动线圈在磁场内振动以产生感应电流。该电流随着振动膜片受到声波压力的大小而变化。声压越大,产生的电流就越大;声压越小,产生的电流也越小(通常为数毫伏)。为了提高它的灵敏度,使其与扩音机输入阻抗相匹配,在话筒中还装有一只输出变压器。变压器有自耦和互感两种,根据一次侧、二次侧匝数比不同,其输出阻抗有高阻和低阻两种。话筒的输出阻抗在 600Ω 以下的为低阻话筒;输出阻抗在 10000Ω 以上的为高阻话筒。目前国产的高阻话筒,其输出阻抗都是 20000Ω。有些话筒的输出变压器二次侧有两个插头,它既有高阻输出,又有低阻输出,只要改变接头,就能改变其输出阻抗。

(2)动圈式话筒的检修

1)从外观结构上检修:在检修时应采取先外后内的方法,当有失真现象时,则应先查音头是否受潮,音圈与磁钢间是否相碰;然后用万用表检查音圈阻抗与标称阻值是否相近。如出现无声故障时,先查音圈接线是否松动或接触不良;然后用万用表检查有无通断,还应检查开关有无松动,插头有无脱焊,线绳的芯线和屏蔽线有无断路等。

2) 无声故障的判断:一般传声器,如家庭用卡拉 OK 传声器,其直流电阻均为 $600\pm10\Omega$。用万用表 R×100 挡测试插头中心端与外壳,打开传声器开关置于 "ON"处,阻值应为 600Ω。如果测不出阻抗,说明传声器从插头→开关→音头处有断路现象,可用万用表一一检测。首先旋开前罩,直接测量音头引出线两端,若 R $=\infty$,则证明音圈内部开路;若 R=600Ω,则证明音圈良好。

3) 严重啸叫:啸叫是传声器的常见故障,主要有以下几个原因。①线绳中的屏蔽网线被折断或接插头的屏蔽线脱落,只有其芯线正常。传声器插头插上功放器的插口时,由于屏蔽线断开,相当于接地线也断开,手握传声器的人体感应或外界干扰就会传至扩音机中发生自激振荡而产生啸叫。②更换音头后,由于线绳中的芯线和屏蔽线是通过拨动开关再引出两条接线焊至音头的,很容易造成中心线对接功放器的地端,屏蔽线接功放器的输入端。对于塑料筒外壳的传声器发现不了问题,也不会产生啸叫,但对于金属筒外壳的传声器接的是中心线,人体感应就引入到功放器中从而产生啸叫。可用万用表 R×100 挡检测,将音头一端引线焊开,以免形成回路;再将开关置于"ON"位置,若置于"OFF"位置,相当于中心线与屏蔽线短接,也会形成回路,影响测试。将万用表接插头中心端与传声器金属外壳,这时不应该导通,说明其芯线没有与手持金属部分相连,防止了人体感应,而是金属筒外壳与接插头屏蔽线的端子相接,这样手持的是功放的接地部分,则不会发生啸叫。

4) 音轻、失真的检修:先旋开音头前罩,观察振动膜片是否被压扁,有无弹性。用万用表 R×1 挡检测,两表笔点触音头两端,若声音很小,改用 R×100 挡,测出阻抗;若阻抗为 300Ω 左右,说明音圈内部存在匝间短路,导致电磁感应下降。若点触音圈两接线端有明显"沙沙"声,则是音圈与磁钢相碰产生的摩擦声,说明音圈或振动膜片位置改变,不能使用。如上述部位均正常,一般是磁钢的磁性下降,只有更换音头。

1.7 显示器件

1.7.1 数码管

数码管显示器件是目前常用的显示器件,这种显示器件成本低、配置灵活、接口方便,应用十分普遍。

1. 数码管结构特点

数码管是将若干发光二极管按一定图形组织在一起的显示器件,应用较多的是 7 段数码管,又名半导体数码管,内部还有小数点的又称为 8 段数码管。图 1-57 所示为 LED 数码管外形和内部结构。由内部结构图可知,LED 数码管可分为共阴极数码管和共阳极数码管两种。

图 1-57(b)所示为共阴极数码管电路,8 个 LED(7 段笔画和 1 个小数点)的负

极连接在一起接地,译码电路按需给不同笔画的 LED 正极加上正电压,使其显示出相应数字。图 1-57(c)所示为共阳极数码管电路,8 个 LED(7 段笔画和 1 个小数点)的正极连接在一起接地,译码电路按需给不同笔画的 LED 负极加上负电压,使其显示出相应数字。

LED 数码管的 7 个笔段电极分别为 0~9(有些资料中为大写字母),dp 为小数点,如图 1-57(a)所示。LED 数码管的字段显示码见表 1-9(表 1-9 中为 16 进制数制)。

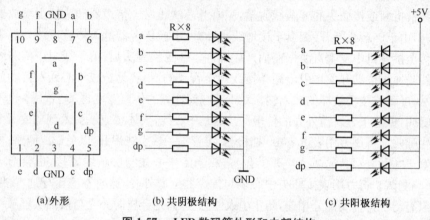

(a)外形   (b)共阴极结构   (c)共阳极结构

图 1-57   LED 数码管外形和内部结构

表 1-9   LED 数码管的字段显示码

显示字符	共阴极码	共阳极码	显示字符	共阴极码	共阳极码
0	3fh	Coh	9	6fh	90 h
1	06h	F9h	A	77 h	88 h
2	5bh	A4h	b	7c h	83 h
3	4fh	Boh	C	39 h	C6 h
4	66h	99h	d	5e h	A1 h
5	6dh	92h	E	79 h	86 h
6	7 dh	82h	F	71 h	8e h
7	07h	F8h	P	73h	8c h
8	7fh	80h	熄灭	00h	ffh

2. 数码管的检测

(1)引脚识别

1)从外观判别:LED 数码管一般有 10 个引脚,通常分为两排。当字符面朝上时,左上角的引脚为第 1 脚,然后顺时针排列其他引脚。一般情况下,上、下中间的两个引脚相通,为公共极,其余 8 个引脚为 7 段笔画和 1 个小数点。

2)万用表检测引脚排列及结构类型。

①判别数码管的结构类型:将万用表置于 R×10k 挡,黑表笔接阳极,然后用红表笔依次去触碰数码管的其他引脚,表针均摆动,同时笔段均发光,说明为共阳

极。若黑表笔不动,用红表笔依次去触碰数码管的其他引脚,表针均不摆动,同时笔段均不发光,说明为共阴极。此时可对调表笔再次测量,表针应摆动,同时各笔段均应发光。

②好坏的判断:按上述测量找到公用电极,共阳极黑表笔接公用电极,用红表笔依次去触碰数码管的其他引脚,表针均摆动,同时笔段均发光;共阴极红表笔接公用电极,用黑表笔依次去触碰数码管的其他引脚,表针均摆动,同时笔段均发光。触到哪个引脚,哪个笔段就应发出光点。若触到某个引脚时,所对应的笔段不发光,指针也不动,则说明该笔段已经损坏,如图 1-58 所示。

③判别引脚排列:仍使用万用表 R×10k 挡,按上述方法判别,使各笔段先后分别发出光点。据此可绘出该数码管的管脚排列图(面对笔段的一面)和内部的边线,如图 1-58 所示。

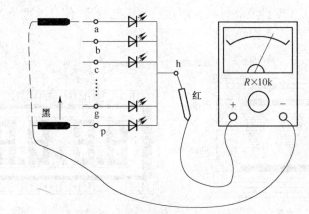

图 1-58　好坏的判断及判别引脚排列

1. 7. 2　液晶显示器

液晶的组成物质是一种有机化合物,是以碳为中心所构成的化合物。常温下,液晶是处于固体和液体之间的一种物质,即具有固体和液体物质的双重特性。利用液晶体的电注效应制作的显示器就是液晶显示器(LCD),广泛应用于各领域作为终端显示器件。

1. 特点

1)低电压、低工耗:极低的工作电压,只要 2~3V,工作电流只有几微安,即功耗只有 1~10μW。

2)平板结构:液晶显示器的基本结构是两片导电玻璃,中间灌有液晶的薄型盒。这种结构的优点是:开口率高,最有利于作显示窗口;显示面积做大、做小都比较容易;便于自动化大量生产,生产成本低;器件很薄,只有几毫米厚。

3)被动显示型:液晶本身不发光,依靠对外界光的不同反射和透射形成不同对比度来达到显示目的。

4)显示信息量大:液晶显示中,各像素之间不用采取隔离措施,所以在同样显示窗口面积可容纳更多的像素。

5）易于彩色化：一般液晶为无色，所以采用滤色膜很容易实现彩色图像。

6）长寿命：液晶由于电压低、工作电流小，因此几乎不会劣化，寿命很长。

7）无辐射、无污染：CRT显示中有X射线辐射，而液晶显示器不会出现这类问题。

液晶显示器的缺点是显示视角小和响应速度慢。由于大部分液晶显示器是利用液晶分子的向异性形成图像，对不同方向的入射光，其反射率不一样，且视角较小，只有30°～40°，随着视角的变大，对比度迅速变坏；液晶显示器大多是在外电场作用下，液晶分子的排列发生变化，所以响应速度受材料的粘滞度影响较大，一般为100～200ms，所以液晶显示器在显示快速移动的画面时，画面质量一般不是太好。

2. 构造及原理（以 TN 型液晶显示器为例）

将上下两块制作有透明电极的玻璃利用胶框对四周进行封接，形成一个很薄的盒，在盒中注入TN型液晶材料。通过特定工艺处理，使TN型液晶的棒状分子平行地排列于上下电极之间，如图1-59所示。

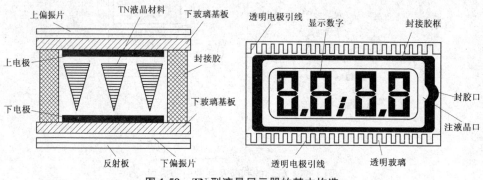

图 1-59　TN 型液晶显示器的基本构造

根据需要制作成不同的电极，就可以实现不同内容的显示。平时液晶显示器呈透亮背景，电极部位加电压后显示黑色字符或图形，这种显示称正显示。如将图1-59中的下偏振片转成与上偏振片的偏振方向一致装配，则正相反，平时背景呈黑色，加电压后显示字符部分呈透亮，这种显示称为负显示。后者适用于背光源的彩色显示器件。

3. TN 型液晶显示器的检测

目前应用广泛的是三位半静态显示液晶屏，其引脚排列见表1-10及如图1-60所示。

表 1-10　液晶显示器引脚排列表

1	2	3	4	5	6	7	8	9	10	11	12	13	14	15	16	17	18	19	20
COM	—	K					DP1	E1	D1	C1	BP2	Q2	D2	C2	DP3	E3	D3	C3	B3
40	39	38	37	36	35	34	33	32	31	30	29	28	27	26	25	24	23	22	21
COM		←						g1	f1	a1	b1	L	g2	f2	a2	b2	g3	f3	a3

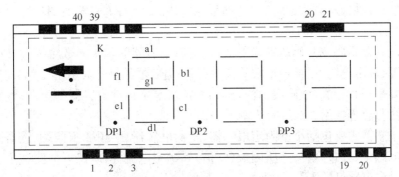

图 1-60　液晶显示器引脚排列顺序图

若引脚排列标志不清楚时,可用下述方法鉴定。

(1)万用表测量法

指针式万用表测量法:用 R×10k 挡的任一只表笔接触电子表或液晶显示器的公共电极,另一只表笔轮流接触各字划电极,若看到清晰地依次显示各字划,则液晶完好;若显示不好或不显示,则质量不佳或已坏;若测量时虽显示,但表针在颤动,则说明该字划有短路现象。有时测某段时出现邻近段显示的情况,这是感应显示,不是故障。这时可不断开表笔,用手指或导线联结该邻近段字划电极与公共电极,感应显示即会消失。

数字式万用表测量法:万用表置二极管测量挡,用两表笔两两相量,当出现笔段显示时,表明两表笔中有一引脚为 BP(或 COM)端,由此就可确定各笔段;若显示屏发生故障,亦可用此查出坏笔段。对于动态液晶屏,用相同方法找 COM 端,但显示屏上不止一个 COM 端,不同的是,能在一个引出端上引起多笔段显示。

(2)加电显示法

用两只表笔分别与一电池组(3~6V)的"+"和"-"相连,将一只表笔一端串联一个电阻(几百欧左右,阻值太大会不显示),另一端搭在液晶显示屏上,与屏的接触面越大越好。用另一只表笔依次接触引脚。这时与各被接触引脚有关系的段位便在屏幕上显示出来。测量中如有不显示的引脚,应为公共脚(COM),一般液晶显示屏的公共脚有 1 个或多个。

由于液晶在直流工作时寿命(约 500 小时)比交流时(约 5000 小时)短得多,所以规定液晶工作时直流电压成分不得超过 0.1V(指常用的 TN 型即扭曲型反射式液晶显示器),故不宜长时间测量。对阈值电压低的电子表液晶(如扭曲型液晶,阈值低于 2V),则更要尽可能减短测量时间。

用万用表交流挡检测液晶,将表置于 250~V 或 500~V 挡,任一表笔置于交流电网火线插孔,另一表笔依次接触液晶屏各电极。若液晶正常,则可看到各字的清晰显示;若某字段不显,说明该处有故障。

小结:

1)电阻器主要有薄膜类、合金类、合成类;标示方法主要有直标法、文字符号法和色标法;各种标示方法的特点,特别是色标法的应用;电阻器的测试方法与合理选用。

2)电容器主要按介质和容量等进行分类;电容器的基本参数主要包括标称容量及精度、额定电压、损耗角正切等技术参数;电容器的型号命名由 4 部分组成;电容器主要采用直标法、数码表示法、色码表示法等来标称电容器的容量;电容器的测试方法与合理选用。

3)电感器主要包括小型固定电感器、平面电感器、中频变压器;电感器的主要参数有电感量、分布电容、品质因数(Q 值)和额定电流等;电感器的测试主要包括通断测量和电感量的测量。

4)常用接插件按外形结构特征分为圆形、矩形、印制电路板插座和带状电缆接插件等;开关器件常见的机械开关主要有波段开关、按钮开关、键盘开关、琴键开关、钮子开关和拨动开关等:接插件和开关器件的正确选择。

5)半导体分立器件主要介绍了二极管、晶体管以及场效应晶体管的命名方法和分类方法;半导体分立器件的封装形式及管脚结构;选用原则和注意事项。

6)半导体集成电路的基本结构与分类;集成电路型号与命名方法;集成电路的封装形式;集成电路使用时的注意事项和选用原则。

7)扬声器和显示器件都是输出器件,在使用中要注意引脚不要接错,显示器件的工作电压不要超出极限值。

第2章 手工焊接实训

2.1 焊接前的准备工作

2.1.1 印制电路板的可焊性检查及处理

印制电路板上通常印制的是导线,将元器件按电路要求插在印制电路板上,再用焊锡把元器件与印制导线焊牢,焊点的质量直接关系到电子制品能否稳定可靠地工作。在焊印制电路板元件时,应对印制电路板进行检查处理。印制电路板不能有裂纹,若有裂纹可能会有断路现象,应采取相应的补救措施进行处理,如利用导线焊接等。若印制电路板因长期存放严重氧化,可用细砂纸轻轻打磨。印制电路板制好后,首先应清除铜箔面氧化层,可用橡皮擦,这样不易损伤铜箔,直至铜箔面光洁如新。然后在铜箔面涂上一层松香水,晾干即可。松香水涂层既是保护层,又是良好的助焊剂。

2.1.2 焊接工具及材料的选择

1. 焊接工具

手工焊接常用的工具是电烙铁,常用的有电烙铁内热式、外热式和恒温式三种。

(1)内热式电烙铁

内热式电烙铁的结构如图 2-1 所示,主要由烙铁头、烙铁心、铁箍、金属外壳、手柄、电线等组成。烙铁心是发热元件,它是把镍铬电阻丝在瓷管或云母等耐热绝

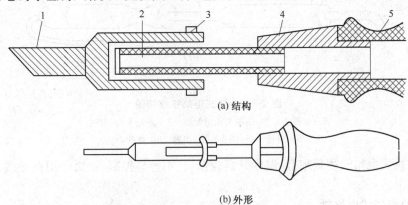

(a) 结构

(b) 外形

图 2-1 内热式电烙铁结构图

1—烙铁头 2—烙铁心 3—弹簧类 4—连接杆 5—手柄

缘材料上制成的,是电烙铁的关键部件。烙铁心的阻值大小决定了电烙铁的功率,通常25W电烙铁的烙铁心阻值约为$2k\Omega$,35W电烙铁的烙铁心阻值约为$1k\Omega$。

烙铁头常用紫铜制成,它传热快、密度较大、容易加工,并且和锡铅有良好的润温能力,但是在高温下,铜容易氧化、发黑、掸皮,影响焊接的质量。为了延长烙铁头的使用寿命,可以将烙铁头加以锻打,以增加密度,或在其表面镀铁、铁镍合金。除此之外,还应经常保持烙铁头清洁,及时上锡,有助于保护烙铁头。烙铁头的形状分为圆斜面、凿式、尖锥式、圆锥式等,如图2-2所示。使用时,要依据被焊接器件的焊接要求来选择。

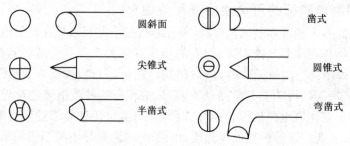

圆斜面　　　　凿式

尖锥式　　　　圆锥式

半凿式　　　　弯凿式

图2-2　烙铁头的各种形状

内热式电烙铁就是利用电流流过烙铁心产生热量,直接对烙铁头加热,因烙铁心置于烙铁头内部,所以称为内热式。内热式电烙铁具有热效率高、温度升高快、重量轻、体积小、耗电少的优点,是手工焊接的主要工具。

(2)外热式电烙铁

外热式电烙铁是将烙铁头安装在烙铁心里面,烙铁心的电阻丝通电产生的热量是由外向里传导的,所以称为外热式。外热式电烙铁的外形及结构如图2-3所示,它主要由烙铁头、烙铁心、金属外壳、手柄、电源线等各部分组成。

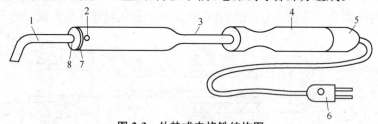

图2-3　外热式电烙铁结构图
1—烙铁头　2—烙铁头固定螺钉　3—外壳　4—木柄
5—后盖　6—插头　7—接缝　8—烙铁心

外热式电烙铁热效率低、温度升高较慢,且不容易控制,主要应用在导线、地线的焊接上。

(3)恒温式电烙铁

恒温式电烙铁是可以控制烙铁头温度的一种电烙铁,根据其工作原理不同分为磁控式和电控式两种。磁控电烙铁如图2-4所示,内部装有带磁铁式的温度控制器,即利用软磁体的居里效应。电烙铁接通电源后,磁性开关接通开始加热,当烙铁头达到预定温度或超过居里点时,软磁铁失去磁性,磁性开关触点断开,停止加热;当烙铁头温度下降,降低到居里点时,软磁铁又恢复了磁性,开关触点接通,又开始加热,保持烙铁头的温度在一定范围内,实现了温度控制。

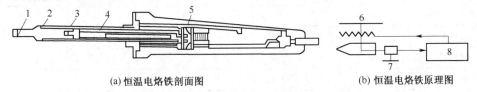

(a) 恒温电烙铁剖面图　　　　　　　　　(b) 恒温电烙铁原理图

图 2-4　恒温式电烙铁外形及结构(磁控式)

1—电烙铁头　2—加热器　3、7—控温元件　4—永久磁铁
5、8—加热器控制开关　6—强力加热器

电控电烙铁通过电子电路来调节和控制温度,调控精度高、使用方便,但结构复杂,价格偏高。恒温式电烙铁多用于焊接集成电路、晶体管器件等对于焊接的温度和时间要求较严格的情况。

2. 焊接材料

(1)焊料

焊料是指在焊接中用来连接被焊金属的易熔金属或金属合金。它的熔点要低于被焊金属,还要容易和被焊金属在表面形成合金。

焊料按其成分划分为锡铅焊料、银焊料、铜焊料等。

焊料按其形状划分为圆片焊料、带头焊料、球状焊料、焊锡等。

焊料按照使用环境的温度分为高温焊料和低温焊料。

焊料要求熔点低、适用范围广泛、凝固快、有良好的浸润作用、易于形成焊点、抗腐蚀性强,能够适应高温、低温、潮湿、盐雾等各种恶劣环境,材料来源丰富,价格便宜,有利于降低制造成本。

在电子产品的焊接中,常用锡铅系列焊料,称之为焊锡。它是由两种以上金属材料按照不同的比例构成的,焊锡中合金的成分和比例对焊锡的熔点、密度、机械性能、导热性、导电性都有很大的影响。市场上常见的焊锡,生产厂家不同,其成分及配比也差别较大。为了满足焊接的需要,选择合适的焊锡非常重要,常见的几种焊锡的型号及配比、性质,见表 2-1。焊锡的型号表示方法是以"焊料"两个字的汉语拼音的第一字母"HL"加锡、铅的元素符号"SnPb",再加元素含量的百分比组成,如 HLSnPb 68 表示锡为 32%、铅为 68% 的锡铅焊料。

表 2-1　各种焊锡的物理性能

型号	主要成分			杂质 7%	熔点℃	拉伸强度 MPa	密度 g/cm³
	锡	锑	铅				
HLSnPb10	89-91	≤0.15	9-10	0.1	220	43	7.6

续表 2-1

型号	主要成分			杂质 7%	熔点℃	拉伸强度 MPa	密度 g/cm³
	锡	锑	铅				
HLSnPb39	59-61	≤0.8	38-40	0.1	183	47	8.9
HLSnPb50	49-51		50	0.1	210	38	9.2
HLSnPb68-2	29-31	1.5-2	68-69	0.1	256	33	9.7
HLSnPb72-2	24-26	1.5-2	72-76	0.6	265	287	10
HLSnPb80-2	17-19	1.5-2	77-80	0.6	277	28	10.3
HLSnPb90-6	2-4	5-6	90-92	0.6	265	59	8.9

　　锡铅合金焊料的状态与锡铅成分的含量有关,图 2-5 所示为锡铅合金状态图,表示了锡铅的配比以及加热温度与合金状态的关系。

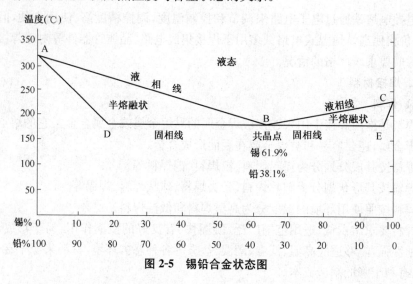

图 2-5　锡铅合金状态图

　　由图中线段可以看出,A 点(纯铅)、B 点(共晶点,锡 61.9%,铅 38.15)、C 点(纯锡)三点,液态和固态的转化是在单一温度下进行的,而按照其他的比例配比的合金,物态的变化都是在一个温度范围进行的。在此范围内,物态呈半熔触发。在 ABC 曲线之上,合金为液态,此曲线称为液相线;在 ADBEC 曲线之下,合金为固态,此曲线称为固相线。液相线和固相线相交于 B 点,B 点称为共晶点,按照共晶点的比例配制的锡铅合金称为共晶合金。共晶合金的熔点最低为 183℃,加热温度达到 183℃,共晶合金由固态直接变成液态,有利于提高焊接质量,是最理想的焊锡。

(2)助焊剂

　　助焊剂也称焊剂,用来除去金属表面氧化膜,增加润湿,加速焊接进程,提高焊接质量。

根据助焊剂的不同特性,可分为无机焊剂、有机焊剂、树脂焊剂三大类。

无机焊剂,主要成分是氧化锌、氯化氨或它们的混合物,它的活性很强,助焊性能好,但是腐蚀作用大,故多用于可清洗的金属制品的焊接,在电子产品的装配中一般不用。

有机焊剂,主要成分是有机酸卤化物,它助焊性能较好,腐蚀性也小,只是热稳性差。

树脂焊剂,主要成分是松香,或用酒精溶解松香配制而成的松香水,腐蚀性很小,常温下绝缘电阻高,是电子产品焊接中应用最多的焊剂。

在焊接时,烙铁头与被焊金属、焊盘之间的接触面总要存在空隙,其间的空气有隔热的作用,阻碍了热量的传递。加入助焊剂,因其熔点比焊料低很多,故先熔化为液态并填满空隙,提高了焊接的预热速度。

助焊剂增强了焊料的流动性,减小了液态焊料的表面张力,有助于焊料浸润焊件,从而提高焊接的质量。

(3)阻焊剂

阻焊剂分为热固化和光固化两类。

热固化阻焊剂的优点是附着力强,耐高温。热固化阻焊剂的不足之处是固化时间较长,温度较高,容易使印制电路板变形。

光固化阻焊剂的优点是固化的速度快,在高压灯照射下,只需 2~3 分钟就能完成,有利于提高生产效率,可用于自动化生产。光固化阻焊剂的不足之处是这种阻焊剂易溶于酒精,可能会和印制电路板上喷涂的含有酒精成分的助焊剂相溶,从而影响印制电路板质量。

印制电路板上,常在焊盘之外的印制线条上都涂上一层阻焊剂。进行波峰焊或浸焊时,除焊盘之外,印制电路板的其他部位都不着锡,减少了桥接、拉尖的现象发生,提高了焊接质量,节省了大量的焊料。阻焊剂本身也有一定的硬度,在印制电路板表层形成保护膜,起到保护铜箔的作用。

2.1.3　元器件引线的整形及插件训练

1. 元器件引线的整形

元器件装入电路板之前,首先要对元件引脚进行整形,以便装入。对元器件引脚整形应注意用力要轻,应尽可能一次整好,防止多次搬动引脚而折断引脚。对于多股导线,应先拧好上锡再插入线路板。

常用元器件的整形方法如图 2-6 所示。

 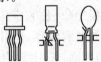

引线的基本形状　　　孔距与元器件　　　　　为打弯成型　　　直接插装成型　　集成电路
　　　　　　　　引线距离不符时的成型　　　　　　　　　　　　　　　　　　引线成型

图 2-6　常用元器件的整形方法

2. 插件训练(元器件的安装方法)

在安装元器件时,为了能较顺利地进行调试,初学者最好采取一部分的方法。

(1)元器件的插装方法

在印制电路板上,由于元器件自身条件的不同及受印制电路板大小的限制,所以元器件插装方法也各不相同,主要有卧式插装法和立式插装法两种。

1)卧式插装法:卧式插装是将元器件水平地紧贴印制电路板插装,又称水平插装。元器件与印制电路板之间的距离可根据具体情况而定,如图 2-7 所示。要求元器件数据标记面朝上,方向一致,元器件插装后上表面整齐美观。卧式插装法的优点是稳定性好,比较牢固,受振动时不易脱落。

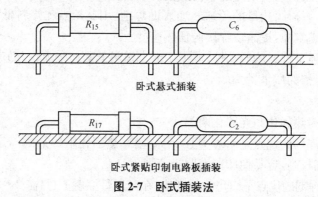

卧式悬式插装

卧式紧贴印制电路板插装

图 2-7　卧式插装法

2)立式插装法:立式插装法如图 2-8 所示,其优点是密度较大,占用印制电路板面积小,拆卸方便。电容和晶体管的插装多用此法。

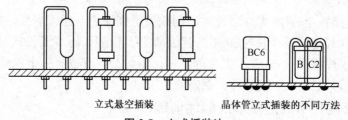

立式悬空插装　　　　　晶体管立式插装的不同方法

图 2-8　立式插装法

(2)整机元器件安装

印制电路板分两个步骤安装,先安装大件,再安装小件。安装元件时,极性不能装反。由于元器件是从印制电路板的无铜箔一面插入,因此引脚很容易插错。这里向初学者介绍一个防止插错的经验:找一个电解电容器或其他两根引线的元件,把引线剪成一根长一根短(可称它定位元件)。可把定位元件按电路板图示位置从有铜箔的一面插入,如电解电容,长引线从正极孔插入,短引线从负极孔插入,然后把电路板翻到无铜箔那面,长引线穿出的插孔就是电容的正极,短引线对应的插孔就是负极。边拔出定位元件边插入要装入的电容即可防止装错。其他电容、电阻都可以按这种方法插好。

依此类推,焊接晶体管时,可利用一只坏晶体管做一个定位元件。把它的三根引线剪成三个不同的长度,长引线定位 E、次长的定位 B、最短的定位 C,然后从有铜箔一边对准 E、B、C 三个插孔,把定位元件插入,再把电路板翻过来,从无铜箔的一面插入所要安装的晶体管即可。安装元器件时,除了引脚位置要正确外,还要注意安放高度,如晶体管引线一般在电路板上留出 3mm。电解电容器、瓷片电容器、电阻器的引线离印制电路板的高度如图 2-9 所示。安装电阻器时,横焊元件应贴近电路板,竖焊元件应注意色环电阻第一环最好朝上。各元器件焊好后,三极管、电解电容器高度应一致,所有电阻器的高度要一致,这样就可以使整机显得整齐美观、具有基本的工艺水平。

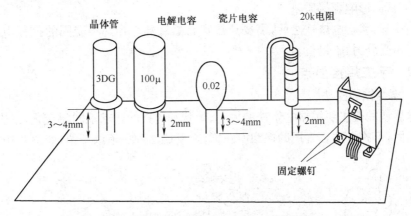

图 2-9　元器件安装时离印制电路板的高度

2.2　手工焊接技术练习

2.2.1　手工焊接方法

手工焊接技术是电子制作、产品维修人员必须掌握的一项基本操作技能。

手工焊接的操作大致可分为六个步骤:准备→加热→加焊料→移走焊料→移走电烙铁→冷却。

1)准备工作:在焊接工作开始之前要做好各项准备工作,包括焊锡、电烙铁、焊件等。烙铁头要保持清洁,如果发现烙铁头在前次使用后已氧化发黑,可用铁锉或细砂纸除去其斜面氧化层,加热后,蘸松香、上锡,以备使用。如果是新烙铁,也应用细砂纸将烙铁头斜面打磨出紫铜光泽后,再给烙铁头上锡,然后再使用。

焊接前,要将焊件的引线表面作清洁处理,除去其表面的氧化层、油污、粉尘等杂质,印制电路板上的焊盘也要作相应的处理,保证焊接面清洁,这样容易着锡,有利于保证焊接的质量。

按照元器件的插装要求进行插装,并给电烙铁通电加热,备好焊锡。

2）加热焊件：将烧热的烙铁头的斜面紧贴在焊点处，使焊盘和引线均匀受热，达到焊接所需的温度。注意烙铁头与焊点的接触角度与接触位置要恰当，否则会导致热传导速度不一，从而影响焊接质量。

3）加焊料：当焊盘与焊件引线达到合适的温度时，在烙铁头与焊盘的接触面加上适量的焊料，焊料熔化，润满焊点。

4）移走焊料：当焊料熔化到一定量，能够覆盖住焊盘并填充焊盘时，要及时移走焊料，防止焊料堆积。

5）移走电烙铁：熔化的焊料充分润湿焊点时，就可以移走电烙铁，不能过长时间地加热，否则容易使焊料氧化；也不能时间过短，致使焊料不能充分熔化，造成浸润不够，从而影响焊接质量。

6）冷却：移走电烙铁之后，需要让焊点自然冷却。在焊料凝固的过程中，要保证焊点不受外力，不错位。

2.2.2 手工焊接要点

1. 电烙铁的握法

电烙铁的握法要根据电烙铁的大小、形状和焊接的要求不同而变化，以操作简便为目的，不拘方法。常用的握法有正握法、反握法和握笔法三种，如图 2-10 示。

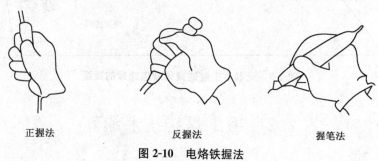

正握法   反握法   握笔法
图 2-10　电烙铁握法

正握法常用于带充数头的电烙铁操作，或在大型机架上使用直头电烙铁焊接。

反握法常用于大功率电烙铁对焊件的压力较大，但是容易用力，操作动作稳定。

握笔法常用于小功率的电烙铁使用，就像握笔写字一样，操作灵活。

2. 电烙铁的移走方法

电烙铁在焊接中主要起加热焊件、熔化焊料的作用。同时，合理地利用烙铁头的撤离方法，还能控制焊料的量，如图 2-11 所示，烙铁头的移开方向与带走的焊料量有一定的关系。

焊盘水平放置的情况如图 2-11 的(a)、(b)、(c)所示，烙铁头从斜上方约 45°角的方向移走，可使焊点圆滑，烙铁头只带走少量焊料；烙铁头以垂直方向向上移走，容易使焊点拉尖，烙铁头带走的焊料较少；烙铁头以水平方向移走，可以带走大量的焊料。焊盘竖直放置的情况如图 2-11 的(d)、(e)所示，烙铁头以垂直方向向下

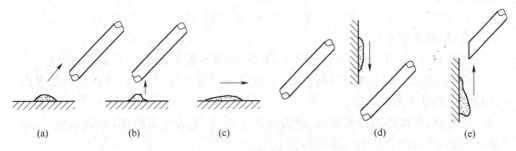

(a)   (b)   (c)   (d)   (e)

图 2-11 烙铁的移走方向

移走时,可带走大部分焊料;烙铁头以垂直向上的方向移走时,仅能带走少量焊料。要根据实际的焊接情况和要求,灵活掌握。

3. 把握合适的焊接时间

从加热焊件、熔化焊锡到形成焊点,整个焊接过程只需几秒就完成了,时间把握一定要合适。印制电路板的焊接通常以 2～4s 为宜,若焊接时间过长,焊料和助焊剂处于高温下容易氧化,从而导致焊点表面发乌、没有光泽、粗糙,同时温度过高还容易烧坏焊件;若焊接时间过短,达不到焊接所需温度,焊料不能充分熔化润湿焊件,容易导致虚焊。

4. 焊料和助焊剂的使用要适量

手工焊接使用的焊料最多的是焊锡丝,它本身有足够量的助焊剂,所以在焊接时不必再添加焊剂。若焊件表面的氧化或污迹较重时,可考虑添加助焊剂进行清除。焊锡的用量要适当,用量过多,多余的焊锡可能会流入元器件引脚底部造成引脚短路,而且焊点过大,影响美观;用量过少,使焊点的机械强度过低。

5. 元器件的焊接顺序

按照先小后大的原则,先焊接轻小的元器件和较难焊的元器件,然后再焊接大型较为笨重的元器件,最后焊对外连接。通常按光电阻、小电容、二极管、晶体管、大电容、电感、集成电路、大功率元器件的顺序进行。

2.2.3 焊接质量的检查及拆焊

1. 合格焊点的质量标准

1)充分润湿焊盘并在焊盘上形成对称的焊角。

2)焊点外观光滑、无针孔,没有拉尖、裂缝和夹杂现象。

3)焊点表面没有可见的焊剂残渣,有光泽。

4)焊点的焊锡量应适当,浸润角以 15°～30°为佳,焊点以覆盖住焊盘面不外散为佳。

5)无虚焊点和假焊点。

2. 不合格焊点的产生原因

1)虚焊点:焊接前加热温度不够、焊件表面清洁不好、焊料中杂质过多等原因造成此焊点的润湿性差,外观发乌,多孔且不够牢固。

2)冷焊点:由于焊接温度不够、焊料未充分熔化而形成的焊点,此焊点电气连接不良,机械强度不够。

3)焊剂残留:由于焊接的加热时间不够,焊剂不能充分挥发,造成残留。

4)焊点拉丝:由于加热时间过长,或电烙铁的撤离角度不当,造成焊点的表面尖锐的毛刺状突起。

5)松动:在焊点的冷却期间,受力而产生震动,造成焊点松动,外观粗糙,且焊角不对称,严重的会使电气连接不良。

6)焊盘剥落或翘起:由于加热时间过长或在焊点冷却形成时受到较大外力作用,造成焊盘和印制电路板的绝缘基体材料之间的粘连部分出现剥离。

3. 焊接质量检查

1)外观检查:合格焊点的外观应光洁、整齐,外形润湿良好,无裂缝、针孔、夹渣、拉尖等现象,无错焊、虚焊、漏焊,焊接部位无热损伤和机械损伤。

2)拨动检查:在外观检查发现可能存在不合格焊点时,也可用镊子轻轻拨动焊点进行检查,以确保无误。

焊接质量的检查应由专业技术人员进行,必要时还要以对试样进行强度检查或焊点金相结构等较为复杂的方法检查。

在调试、维修过程中,或由于焊接错误等,都需要对元器件进行更换。更换元器件时需拆焊。拆焊方法不当,往往会造成元器件的损坏、印制导线的断裂或焊盘的脱落。尤其在更换集成电路芯片时,更为困难。为此,拆焊工作是调试、维修过程中的重要内容。良好的拆焊技术能保证调试、维修工作顺利进行,避免由于更换元器件而增加产品故障率。

4. 常用的拆焊方法

1)选用合适的医用空心针头拆焊:将医用空心针头锉平,作为拆焊工具。具体方法是:一边用电烙铁熔化焊点,一边把针头套在被焊的元器件引线上,直至焊点熔化后,将针头迅速插入印制电路板的孔内,使元器件的引脚与印制电路板的焊盘脱开,如图 2-12(a)所示。

2)用吸锡器进行拆焊:将被拆焊点加热,使焊锡熔化,把气囊式吸锡器或气泵式吸锡器的吸嘴对准熔化的焊锡,将其吸入吸锡器内,如图 2-12(b)所示

3)用专用拆焊烙铁头拆焊:图 2-13 所示是专用拆焊烙铁头,它能一次完成多引脚元器件的拆焊,且不易损坏印制电路板及其周围元器件。这种拆焊方法对集成电路和中频变压器等拆焊很有效。在用专用拆焊烙铁头进行拆焊时,应注意加热时间不能过长,焊锡熔化时应立即拿开专用烙铁头,并立即取下元器件,以防焊盘脱落。

4)用吸锡电烙铁拆焊:吸锡电烙铁是一种专用拆焊电烙铁,它能在对焊点加热的同时把锡吸入内腔而完成拆焊。

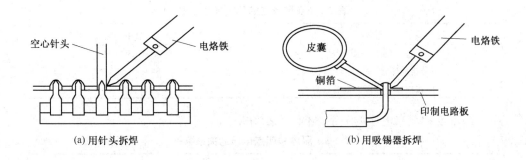

(a) 用针头拆焊　　　　　　　　　　(b) 用吸锡器拆焊

图 2-12　常用的拆焊方法

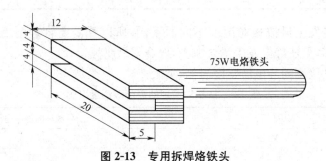

图 2-13　专用拆焊烙铁头

5. 拆焊的注意事项

拆焊时,对焊点的加热时间要把握恰当,时间过长,同样会烧坏元器件和印制电路板。

在拆焊过程中,不能强行用力拉动、摇动和扭转元器件,确定焊点已被拆除的情况下应以竖直方向拔出元器件。

焊点拆除之后,要及时清理焊盘插孔与表面,以备下次插装。

2.2.4　插件焊接防静电措施

1. 静电发生的基本原理

(1) 由于物理的接触而带电

所有物体的原子具有带正电性质的原子核和绕其周围的带负电性质的电子,并以同样数量保持均衡。如果两个素材相互接触时破坏这种均衡,就发生静电。

电压放在物体时,电流分为流于物体内部的体积电阻和漂流在物体表面的表面电阻。

(2) 静电起点电压和按零件级别的敏感度

静电的起点电压因环境条件(特别是湿度)和材质等因素而不同。但一般在低湿度的情况下,绝缘的起点电压呈高电压。

1)在现场里的静电发生事例,见表 2-2。

表 2-2　在现场里的静电发生事例

对象	静电
走在油毯上的行为	1000~5000V
不带接地环在车间工作的行为	800~1000V
坐在椅子上摩擦地板的行为	500~1000V

2)湿度和起点电压的关系事例,见表 2-3。

表 2-3　湿度和起点电压的关系事例

起点物	相对湿度	
	低湿(10%~20%)	高湿(65%~90%)
走在油毯上的行为	35000V	1500V
车间工作人员	6000V	100V

　　因为静电发生量按相对湿度不同而不同,所以就需要管理湿度维持 50% 左右。湿度再多,虽然静电发生量会减少,但金属易腐蚀。

3)按零件级别的静电敏感度事例,见表 2-4。

表 2-4　按零件级别的静电敏感度事例

DEVICE TYPE	可破坏的静电电压
V MOS	30V-
MOS FET	100V-
GA,AS FET	100V-
EP,ROM	100V-
J FET	140V-
SAW	150V-
OP-AMP	190V-
C-MOS	250V-
SCHOTTKY DIODE	300V-

按零件级别的静电敏感度分为:

CLASS 1(0~1000V)

CLASS 2(1000~3000V)

CLASS 3(3000V 以上)

注:CLASS 1 部件特别敏感,需要在制造、运输、保管等所有的过程中进行特别管理。

(3)因静电而发生的不良类型

1)暂时的功能丧失性:是装备或系统运行之中发生的,造成运行中的系统发生暂时性功能障碍,但因为不再发生而会频繁导致制造商和用户以及维修人员和零件检查员之间误解。

2)逐渐的特性热化性:是指能把素子特性逐渐热化的静电。起电次数增加或受到高静电的冲击,以使素子的特性热化,并造成不良。这种不良在工程中受到冲击就逐渐热化,后来就发生不良,是种最危险的形态。

3)素子功能完全丧失性:是指逐渐性特性热化若长期维持下去,或能够把素子完全破坏的那么高的静电能源被释放时,素子功能完全被破坏丧失。

4)一般在市场看得到的电子产品不良当中有 80% 为半导体不良,其中有 50% 以上是在工程中受到静电、过电压、过电流等压力而半死不活的状态下出货。前面所说的 80% 当中,40% 以上是 IC 结构中软弱部分的氧化绝缘膜被破坏的不良。氧化绝缘膜因静电而易被破坏。

2. 主要隔电用产品的用法和注意事项

(1)接地环

人体容易积蓄几千伏的静电,为把它安全的放电,就把接地环戴在手腕上。里面有 1M 的电阻,防止因急速放电而造成的半导体破坏以及地面与一般电线接触时能把逆电流限制在 0.5 以下,以保工作者安全。

佩带接地环时,应使手腕带与接地用地线连接部分的不锈钢金属板接触皮肤。若接地环戴在脚脖子不好管理,还是要戴在脚腕上。一日一次以上检查接地用地线是否断开。

(2)隔电用 MAT

静电防止用隔电 MAT,以用途可分为 TABLE MAT 和 FLOOR MAT,以材质可分为 CONDUCTIVE 的、DISSIPACTIVE 的、ANTI-STATIC 的等,大部分组成为两层,上面使用 COLOR 层(DISSIPACTIVE 层),下面使用黑色层(CONDUCTIVE 层)。

黑色层不得漏出在表面。黑色层是 CONDUCTIVE,表面电阻低,就有因急速放电而发生半导体破坏的危险。一定要通过 1M 接地,需要周期性检查地线是否断开,并记录检查结果。即使是接地的金属板上,PCB 直接接触的地方一定需要设置静电防止用隔电 MAT。若其表面被污染,效果将会减少,所以应周期清洗。

(3)去离子风机(IONIZER AIR BLOWER)

用于对不可能接地的非导体类(塑料,乙烯基等)隔电,一定要把 IONIZER AIR BLOWER 的主机接地。先确认隔离距离、有效距离,再设置用静电计的周期来确认离子发生与否。

测试方法:先确认正负离子是否都正常量吹出,然后再距离离子风机 30cm 处测试正负离子的量是否在 ±30V 以内,若不在范围内应该调整正负离子的旋钮。由于产生少量的臭氧,所以不要直接向脸吹风,工作前请先运行。需周期地打扫离子箔和吹风器空气过滤器的灰尘。

(4)静电管理对策

1)静电对策的基本思维。

①防止静电发生。(推荐值:人体起电 2000V 以下,绝缘起电 400V 以下)。

②避免从外面沾来静电。

③所发生的静电要通过接地放走。

2)基本的静电对策。湿度要以 50％～60％维持管理,起电体都接地,以高电阻接地而放电,要以 ION BLOWER 中和。

3)防静电的措施。在生产现场设定静电敏感区域,并且要作明显警示,使到现场的每个人都能注意。静电区域内的注意事项如下:

①操作者应该佩戴防静电腕带,应该穿防静电服装、鞋、围巾,椅子应该套防静电套。防静电腕带一端与人体接触,另一端与地线相连。

②有可能放置 PBA 的区域内要贴防静电桌布,并且要联结防静电接地扣。

③静电区域内所有的物品静电不能超过 100V。

④静电区域内的容器应该用防静电材料的。若静电区域内的物品的静电电压超过 100V 时,这时应该采用去离子风机消除物体表面静电。

小结:

本章主要应了解掌握的内容有:印制电路板的可焊性检查及处理;电烙铁、焊锡及助焊剂的使用方法,烙铁头的处理和焊接操作步骤;元器件引线的整形及插装技术及焊接质量的检查与拆焊技术。

操作技能训练:

1)找一些旧板,按照正确操作法反复练习元件拆焊与焊接技术,尤其是在拆焊过程中,要练习多种拆焊方法不应损坏电路板。

2)焊接和拆焊任务完成后,可找一些没有焊过的电路板和元件,按照正确方法对元件进行整形和拆装。

3)完成上述两项任务后,则可配合后面第 5 至 7 章进行电路装配焊接。

第3章 常用仪器仪表的使用

"工欲善其事,必先利其器",检修电子元器件也是如此。要想学会电子元器件的检测技术,做到得心应手,熟练使用必要的工具是非常重要的。下面,介绍一些简单而且实用的检修工具。通过它们可以检修多种元器件,并适用于维修多种电子设备。

3.1 万用表

万用表主要用来检测电压、电流及电阻等,在表盘上用 A-V-Ω 符号表示;有些万用表还能够测量音频电平。万用表的种类很多,按结构分主要有两种:一种为指针式万用表,另一种为数字万用表。

3.1.1 指针式万用表

指针式万用表由表头(磁电式表头)、转换开关、测量线路构成。按旋转开关的形式可分为两类:一类为单旋转开关型,如 MF9 型、MF10 型等;另一类为双旋转开关式,常用的为 MF50 型万用表。

1. MF50 型万用表结构

MF50 型万用表的外形如图 3-1 所示。

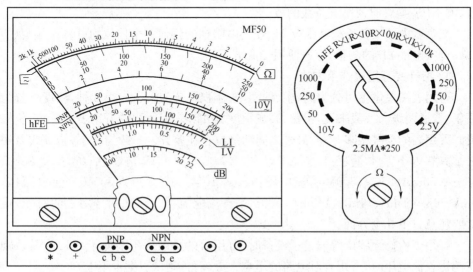

图 3-1 MF50 型万用表外形图

1)表头:它采用满刻度为 40 uA 的磁电式微安表作为表头。表头的内部由很细的漆包线绕制的线圈、上下游丝(类似手表的游丝)及磁铁等组成。当微小的电流通过表头时,由于电磁感应的作用,线圈在磁场的作用下发生转动并带动指针偏转。指针偏转角度的大小取决于通过表头电流的大小。由于表头线圈的线径比较细,所以允许通过的电流很小,为了能够满足较大量程的需要,通常在万用表内部由电阻等元件组成分流及降压电路来完成对各种物理量的测量。

2)表盘:如图 3-1 所示,第一条刻度线为电阻挡的读数,它的右端为"0",左端为"∞(无穷大)",且刻度线是不均匀的,读数时应该从右向左读,即表针越靠近左端阻值越大。第二条线是交流电压、直流电压及各直流电流的读数,左端为"0",右端为最大读数。根据量程转换开关的不同,即使表针摆到同一位置时,其所指示的电压、电流的数值也不相同。第三条是交流电压读数线,它是为了提高小电压读数的精度而设置的。第四、五条线是测晶体管放大倍数(hFE)挡的读数。第四条为PNP 型管的读数线,第五条为 NPN 型管的读数线。第六、七条线分别是测量负载电流和负载电压的读数线。第八条线为音频电平(dB)的读数线。

2. 转换开关的读数

测量电阻:应该将指示标记拨至 R×1～R×10k 挡位。

测交流电压:将指示标记拨至 10～1000 $\tilde{\text{V}}$ 挡位。

测直流电压:将指示标记拨至 2.5～1000 $\overline{\text{V}}$ 挡位。

测直流电流:将指示标记拨至 2.5～250mA 挡位。

如需测量小的电流,应该把"正"(红)表笔插入"+100μA"孔内;若测量大的电流,应把"正"(红)表笔插入"+2.5A"孔内,此时负(黑)表笔还应插在原来的位置。

测晶体管放大倍数时,将指示标记拨至 hFE 挡,测 PNP 型管时读第四条线的数,测 NPN 型管时读第五条线的数。

测负载电流 I 和负载电压 V 时,使用电阻挡的任何一个挡位均可。

音频电平 dB 的测量,应该使用交流电压挡。

3. 指针式万用表选用方法

万用表按灵敏度可分为高、中、低档,按体积可分为大、中、小 3 种,精度可分为精密、普通两级。一般来说,精密、高灵敏度、功能多、大体积的万用表质量高、价格贵。万用表的型号很多,不同型号之间功能也存在差异。一般情况下,指针式万用表都具有以下基本量程:R×1、R×10、R×100、R×1k 电阻挡;0mA、2.5mA、10mA、50mA、250V、500V 直流电压挡;0V、10V、50V、250V、500V 交流电压挡;0μA、50μA、1mA、10mA、100mA、500mA 直流电流挡。在选购万用表的时候,通常要注意以下几个方面。

1)用于检修无线电等弱电子设备时,万用表的灵敏度不能低于 20kΩ/V,否则在测试直流电压时,万用表对电路的影响太大,而且测试数据也不准。

2)检修电力设备时,如电动机、空调、冰箱等,选用的万用表要有交流电流测试挡。

3)检查表头的阻尼平衡。先进行机械调零,将表在水平、垂直方向来回晃动,指针不应该有明显的摆动;将表水平旋转和竖直放置时,表针偏转不应该超过一小格;将表针旋转 360°时,指针应该始终在零附近均匀摆动。如果达到了上述要求,就说明表头在平衡和阻尼方面达到了标准。

3.1.2　数字万用表

数字万用表是一种数字化的新型测量工具,其输入阻抗高、测量精确、量程宽、读数显示准确直观。数字万用表可以测量交直流电压、电流、电阻等,有的还能测量电容、电感、晶体管参数、频率、温度等。下面以 DT-890B 数字万用表为例介绍其使用方法。

1. DT-890B 数字万用表结构

DT-890B 数字万用表外形如图 3-2 所示。面板上部为 LCD 液晶显示屏;面板中部为测量选择开关、电源开关、被测晶体管和电容器插孔;面板下部为正、负测试表笔插孔。

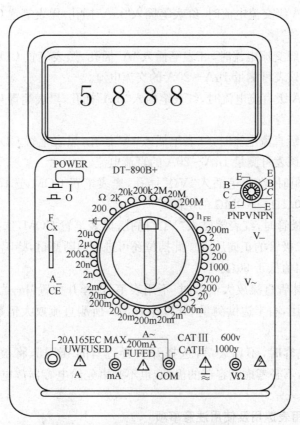

图 3-2　DT-890B 数字万用表外形图

DT-890B 是三位半数字万用表,最大显示读数为 ±1999("+"符号不显示出来)。LCD 显示屏左下方设有整机电源开关(POWER),按下为"开",再按一下使其弹起为"关"。

面板中央为测量选择开关，DT-890B 数字万用表可以测量直流电压、交流电压、直流电流、交流电流、电阻、电容、晶体管放大倍数、二极管正向压降和通断等，具有 8 大类 32 个量程，使用时转动旋钮至适当挡位即可。

面板下部有 4 个插孔，分别是公共端插孔"COM"，测量电压电阻插孔"VΩ"，测量毫安级电流插孔"mA"，测量安培级电流插孔"A"。使用时，将黑表笔插入"COM"插孔，红表笔插入相应插孔。

数字万用表采用层叠电池作电源。

2. DT-890B 的使用

1）测量交流电压时，红表笔插入"VΩ"插孔（黑表笔插入"COM"插孔），选择开关置所需的"交流 V"挡，测量范围 0.1mV～700V。

2）测量直流电压时，表笔设置同上，选择开关置"直流 V"挡，测量范围 0.1mV～1000V。

3）测量 mA 级交流电流时，红表笔插入"mA"插孔，黑表笔置 COM，选择开关置所需的"交流 A"挡。

4）测量 A 级交流电流时，红表笔插入"A"插孔，黑表笔置 COM，选择开关置"交流 20A"挡，该表可测量 1μA～20A 的交流电流。

5）测量 mA 级直流电流时，红表笔插入"mA"插孔，黑表笔置 COM，选择开关置所需的"直流 A"挡。

6）测量 A 级直流电流时，红表笔插入"A"插孔，黑表笔置 COM，选择开关置"直流 20A"挡，该表可测量 1μA～20A 的直流电流。

7）测量电阻时，红表笔插入"VΩ"插孔，黑表笔置 COM，选择开关置适当的"Ω"挡，可测量 0.1Ω～200MΩ 的电阻。

8）测量二极管时，红表笔插入"VΩ"插孔，黑表笔置 COM，选择开关置"二极管"挡，可测量二极管的正向压降。此挡位还可进行通断测试，蜂鸣器响时，表笔接触的两点间的阻值低于 90Ω。

9）测量晶体管直流放大倍数时，不用表笔，选择开关置"h_{FE}"，插孔左半边供测量 PNP 型管用，右半边供测量 NPN 型管用。所测直流放大倍数的范围为 0～1000 倍。

10）测量电容时，不用表笔，选择开关置适当的"F"挡，将被测电容器插入"CX"插孔即可，不必考虑电容器的极性，也不必事先给电容器放电，可测量 1pF～20μF 的电容量。

3. 数字万用表选用及使用注意事项

数字万用表虽然有很多优点，但是较为娇贵，若使用不当，可造成损坏或使读数不准，所以使用中要严格按说明书规定的使用条件和方法，同时还要注意以下事项。

1)注意使用环境,不能在高温、阳光、高湿度环境中使用和保存。LCD 液晶显示屏的适应温度范围较窄,在低温下,液晶显示反应能力差,高温又易使之加速老化,所以使用和保存均应在 0℃~40℃范围内,最低不能超过-10℃。

2)数字万用表的测量周期为 0.33s,因此不能反映连续变量。如要检查电解电容器的充放电过程,应采用指针式万用表。

3)数字万用表虽有极性显示装置,但测量时应尽量采用正极性测量,以免反极性测量时增加误差。

4)在作电容器测量时,人体应远离被测元件,以消除人体电容器的影响。不能用数字万用表测人体等效电阻,由于人体与大地之间存在分布电容,人体上能感应出较强的 50Hz 交流干扰信号,有时可达到数伏乃至十多伏。若两手分别握两支表笔尖,会造成超限。同样,测元器件电阻时,不得用手碰触表笔尖。

5)数字万用表的频率特性较差,一般只能测 45~500Hz 的低频信号,不能测高频信号。如果工作频率超过 2KHz,测量误差就迅速增大,无法保证±1.0%的精度,此误差是由于数字万用表内产生高压谐振的缘故。若需测高频,应选用配有高频试头的机型。

6)仪表要轻拿轻放,防止跌落和振动,液晶显示屏极易破碎,严防挤压。

选购数字万用表时除认真检查各挡位是否正常外,还应检测频率特性(俗称是否抗峰值)。方法是用数字万用表电压挡测高频电路(如彩色电视机的行输出电路电压)看是否显示标称值。如是则频率特性高;如显示"1"(溢出 OL)或误差很大则频率特性差(不抗峰值),此表不能用于高频电路的检测。

3.2　信号发生器的使用

信号发生器的作用是产生各种信号,对电子设备进行调试。信号发生器的种类多种多样,如按照信号频率分为低频信号发生器和高频信号发生器;按照信号波形分有各种脉冲信号发生器、正弦波信号发生器、调制信号发生器、视频信号发生器。

3.2.1　立体声调频调幅信号发生器

1. 技术特性

XG-25S 型立体声调频调幅信号发生器可作为调试和校准调幅调频收音机和其他视听设备的信号源。它能提供音频信号和高频调幅信号,还能提供立体声音频调频信号和立体声复合信号,最适合实验室和维修部门调试与维修音像设备使用。

该仪器主要技术指标如下:

调幅波段输出:0.4~130MHz(分六挡);

立体声调频输出:85~110MHz;

音频信号输出:1kHz±10%;

导频信号输出:19kHz±2Hz;

立体声复合信号输出:1kHz 调制;38kHz 副载频;19Hz 导频,分离度>20dB (负载电阻>5kΩ),左右声道输出可选择。

整机供电:6V,耗电电流<50mA,可用外接直流电源。

2. 使用方法

XG-25S 型信号发生器的面板如图 3-3 所示。

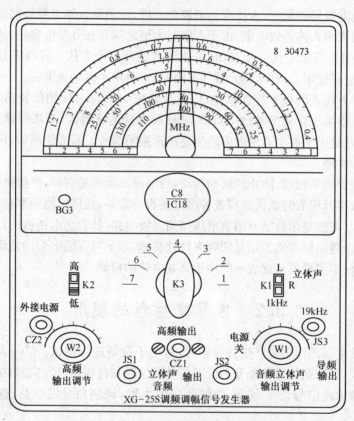

图 3-3　XG-25S 型信号发生器的面板图

1)电源开关 W1:顺时针旋转 W1,电源接通,指示灯 BG3 亮。逆旋到底电源关闭。

2)频率调节旋钮 C8/1C18:在 1~7 波段中用来调节频率,便于选择输出信号的频率。

3)波段选择开关 K3:共七挡(1 至 7 挡)。

4)高频输出幅度开关 K2:置"高"时,无衰减;置"低"时,有 10:1 衰减。

5)波形选择开关 K1:当 K3 在 1~6 波段时,K1 在"立体声"(L 或 R 位置),插孔 CZ1 输出等幅信号;K1 在"1kHz"位置时 CZ1 输出调幅信号。当 K3 在第 7 波段时,K1 在"立体声"的 L(左)或 R(右)位置,CZ1 输出相应的 L(左)或 R(右)的调频立体声信号;K1 在"kHz"位置时,CZ1 输出等幅信号。

6)高频输出调节旋钮 W2:配合 K2 作连续微调高频信号输出幅度。

7)高频立体声输出调节旋钮 W1:当 K3 在 1～6 波段时,K1 在"1kHz"位置,JS2 输出 1kHz 音频信号,其幅度由 W1 连接调节;当 K3 在第 7 波段时,K1 在"立体声"的 L(左)或 R(右)位置,JS2 输出立体声复合信号,其幅度亦由 W1 连续调节。

8)插孔 JS1:公共端连机壳。

9)音频立体声输出插孔:由开关 K1 和 K2 选定,可输出 1kHz 音频信号或立体声复合信号。

10)导频信号输出插孔 JS3:K7 在 7 波段,K1 在立体声位置(L 或 R),JS3 输出幅度恒定的 19kHz 导频信号。

11)高频输出插孔 CZ1:K1 和 K3 选定,可输出高频调幅或等幅信号及调频立体声信号。

12)外接电源插孔 CZ2:外接电源由此孔插入。

注意:高频输出使用高频电缆,音频和立体声信号输出使用低频电缆。

3.2.2　彩色/黑白电视信号发生器

YDC-868 电脑存储型彩色电视信号发生器,系采用存储器、中央处理器、专用编码等高新技术器件组成,能产生 16 种理想图案,图像十分稳定、精确,彩色相位误差小于±3。

YDC-868 电脑存储型彩色电视信号发生器属高新专业设计,用途广泛,适合设计、生产、维修彩色、黑白电视机追踪故障,调校各级线路之用。

1. 主要性能

本机由中央处理器、存储器、D/A 转换电路、彩色编码电路、控制电路等组成,全机用 11 个大规模集成电路和 6 只晶体管组成,测试图形有存储器中软件产生彩条、电子园、点阵、棋盘、中心十字线、各种单色面等 16 种测试信号,图像清晰稳定,不受温度、湿度、电压的影响。

实现了隔行扫描,其行场同步脉冲、均衡脉冲、色度信号、消隐信号等全部符合国标 GB3174－82 技术要求,单键选择图像、数码指示、全屏显示、电子音乐伴音,并设有音频、视频输出口和音频、视频输入口。

2. 仪器产生的图像信号和伴音信号的功用

1)八级竖彩条:用来校整电视机部的性能,进行比较测试,检验显像管的激励以及对色负载波的抑制度。对黑白电视机可检查视频增益和灰度级。

2)电子园:可直观地检查电视机的帧、行线性。

3)中心十字线:调整帧幅和行幅之用以及图形的几何中心。

4)格子和方格:调整帧、行线性之用,使图形的四个角以及中心的方格同等大小。同时检查同步、灰度、场频控制、图像纵横尺寸比、视频增益和对比度及亮度的调整。

5)点子:调整聚焦,点子越小,则清晰度越高。

6)白场:调白平衡用。

7)红场:检查色纯度和测红电子枪。

8)绿场:检查色纯度和测绿电子枪。

9)蓝场:检查色纯度和测蓝电子枪。

10)VHF 选择:用来选择 VHF1-12 频道信号输出和 38MC 中频输出。

11)UHF 选择:用来选择 UHF13-56 频道信号输出。

12)伴音:6.5MC、电子音乐调频、用来校对和检查伴音对图像信号的干扰和整个声音通道。

13)1V$_{P-P}$视频输出:用来检修视频通道用。

3. 技术参数

电视标准:PAL-D 制

行频:15625±1H

帧频:50Hz

彩色负载波:4.43361875±10Hz

射频信号:868—1 为 1—12 频道

　　　　　868—2 为 1—56 频道

　　　　　868—3 为 1—56 频道

视频信号:AM 负调制

伴音信号:6.5MHz、FM 调制电子音乐伴音

视频输出:≥1V$_{P-P}$负极性 75Ω 负载,868-3 型除具有 868-2 的全部功能外,另有视频输入口:1V$_{P-P}$;伴音输入口:600Ω　0dB±3dB,可在任意频道上调制发射距离半径 15m。

电源供给:180~240V　50Hz

功耗:<7W

外形尺寸:203×220×70 标准塑料机箱

4. 使用方法

1)高频发射:拉出拉杆天线,打开本机电源,按图像选择键到所需的图像,转动频道选择钮到当地没有的电视频道,调节电视机频道与本机相同,适当移动天线的位置和方向,即可收到稳定的图像和伴音。

2)视频输出:将本机的视频输出口与电视机视频输入口相连,即可收到稳定的图像信号。

3)伴音输出:伴音信号为 6.5MHz,调制后的信号用来检查伴音通道。

4)视频输入:将 $1V_{P-P}$ 的视频信号从电视机后图像输入口输入,微调伴音音量电位器即可听到清晰的伴音信号。

当开机后数码显示出现"日"字样,是本机电源插头和电源插座接触不良,可将本机电源开关关掉 5s 后再开机,则本机工作正常。同时请检查电源电压是否过低。

3.3　示波器的使用

电子示波器是调试、检验、修理、制作各种电子仪表设备时所不可缺少的工具。随着各种换能技术的应用与发展,已使得温度、压力、振动、速度、声、光、磁等非电量的物理量可以转换为便于观察、记录和测量的电量,并以电子信号形式显示在电子示波器的屏幕上。家电维修中,通常用示波器测量信号波形和信号有无等。

电子示波器根据技术指标、示波管类型和测量用途进行分类和设计。常用的有普通示波器(BS-7701/7702)、多用示波器(如 SBM-10 型、SBM-14 型)、双踪示波器(如 SR8 型、SBE-7 型)和取样示波器(SSQ-6 型、SQ-12 型)等。本节以 BS-7701/7702 型多功能晶体管示波器为例。

3.3.1　BS-7701 型示波器的主要技术指标

1. Y 通道

带宽:DC:0-7MHz±3db　　灵敏度:10mV/格

衰减挡:10mV/STK −30/格,按 1,3 进制共分八挡,输入阻抗;

选购件:100:1TV 探头,可扩展到 300V/格,最高测试电压为 $3000V_{p-p}$。

2. X 通道

扫描速度:10ms/格−0.3us/格,按一、三进制共分 10 挡。

带宽:10Hz−500kHz,−3db。

灵敏度:500mV±150mV/格。

输入阻抗:1MΩ/40PF。

同步选择:正、负极性触发。

3. 校准信号

自校采用 100us(10kHz),$40mV_{p-p}$ 方波进行校准,其频、幅精度优于±2%。

4. 其他

示波管采用 9SJ105Y14 型矩形内刻度中余辉管,有效工作刻度 8 格(垂直)×10 格(水平)(48mm×60mm)。

电源电压:220V　50Hz,18VA。

外形:145mm×200mm×300mm。

重量:5kg。

3.3.2　面板介绍

图 3-4 所示是 BS-7701 型示波器的面板图。

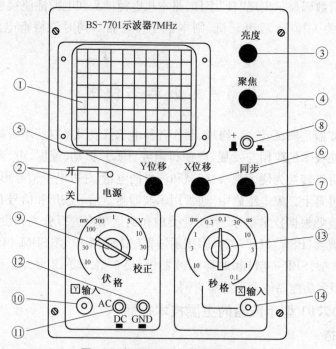

图 3-4　BS-7701 型示波器的面板图

1)示波器显示屏:其工作面垂直刻度为 8 格,水平刻度为 10 格。

2)电源开关及指示灯:将该开关打开,电源接通,指示灯亮,示波器进入工作状态。

3)亮度调节钮:顺时针方向旋动,亮度增加,反之减弱直至光点消失。

4)聚焦调节钮:调节聚焦钮使光点最小,或屏幕显示波形清晰。

5)Y 位移调节钮:调节该钮可使光点垂直方向移动。顺时针方向旋动时,光点或波形向上移动,反之向下移动;一般应调到中间位置,顺时针方向或逆时针方向旋到头时,有可能使光点的扫描线偏出屏幕外而找不到光迹。

6)X 位移调节钮:调节该钮可使光点或波形水平方向移动。顺时针方向旋动时光点或波形向右移动,反之向左移动,一般应该在中间位置。

7)同步调节钮:调节该钮可使扫描周期和被测信号周期保持在整数倍,使屏幕上显示稳定的波形。

8)同步选择按钮:该按钮控制同步信号的正负极性。当被测信号为正极性脉冲时,应放开按钮,即在"+"位置;当被测信号为负极性脉冲时应按下该钮,即在"-"位置。

9)垂直通道(Y 轴)衰减开关:用该开关可改变 Y 轴测程,其中八挡为 10mV/

格。根据被测信号的幅度选择适当的挡位,若不知信号幅度大小,应尽量先放在大挡,如 3V/格,然后逐渐调小挡位至屏幕显示合适的幅度,一般调节挡位使波形在垂直方向占 4~5 格为宜。第九挡为内部校正信号,频率为 10kHz(周期 100μs)、幅度为 40MVp-p 的方波信号输入 Y 轴,用该信号来检查示波器 Y 通道和 X 扫描的工作状态。

10)Y 输入插座:被测信号由该插座输入 Y 放大器。

11)AC-DC 选择按钮:按钮抬起(即 AC 位置),被测信号经隔直电容输入 Y 通道,信号波形位置不受直流成分影响;当按钮按下(即 DC 位置),被测信号的交流分量和直流分量均输入 Y 通道,适合于观察变化缓慢的信号或比较信号的直流成分。

12)接地按钮:按钮抬起时,正常工作;按钮按下时,Y 放大器输入接地,便于寻找扫描基地。

13)扫描速度开关:扫描速度自 10ms/格~0.3us/格共 10 挡,根据被测信号频率的高低选择适当的扫描速度,当不知道被测信号频率时,可先放在扫描速度较慢的挡,调同步选择按钮使屏幕显示稳定波形;若显示的波形过密再增加扫速,因为在某扫描挡内至少要有一个被测信号的波形产生同步信号,不然仪器将无法同步。扫速开关的第一挡为 X 输入,这时 X 输入插座与 X 放大器连接。

14)X 输入插座:被测信号由该插座输入 X 放大器。

1. 使用前的准备

1)将面板各旋钮旋转至下述位置:Y 位移钮⑤-居中;X 位移钮⑥-居中;AC-DC 按钮:⑪-放开(AC 位置);扫速开关⑬-放 X 输入;Y 衰减开关⑨-放 10V/格;亮度钮③-顺时针旋到头。

2)打开电源开关②,电源指示灯亮,示波管屏幕上应有光点,调整亮度、聚焦钮,使光点最小;调 Y 位移钮,光点应能上、下移动;调 X 位移钮,光点应左右移动,然后将光点调到屏幕中央。注意:上述操作应尽量迅速,不能长时间将光点停在一固定位置,以免灼伤屏幕。

3)将 Y 衰减开关⑨放到校正位置,扫速开关⑬放在 0.1ms/格,调节同步钮使波形稳定,微调 Y 位移⑤和 X 位移钮⑥应有图 3-5 所示波形在屏幕上出现,其垂直方向应占 4 格,水平方向有 10 个完整方波,这时 BS-7701 示波器便可投入正常使用。

2. 使用方法

(1)在示波器屏幕上如何读数

本示波器采用矩形屏幕示波管,垂直方向(Y 轴)为 8 格,它表示被测波形的幅度;垂直衰减开关⑨与万用表的测程开关相似,它用 V/格或 mV/格表示,被测信号在垂直方向所占的格值 d 乘以垂直衰减开关挡位 C(cm/格或 V/格)的积就是被测信号的幅值 V,用公式表示:

$$V=d\times C \qquad (3-1)$$

图 3-5 为校正信号在示波器屏幕上显示的图形,垂直方向占 4 格,即 d=4 格,Y 衰减挡位 C=10mV/格,则其幅值为 4 格×10mV/格=40mV。

水平方向(X 轴)为 10 格,它表示时间,也用格为单位;扫描速度开关挡位 B 以 ms/格或 us/格表示,被测信号一个完整波形(一个周期)所占的格值为 t,则其周期 T 为:

$$T=t\times B \qquad (3-2)$$

还以图 3-5 为例,t=1 格,B=0.1ms/格,T=1 格×0.1ms/格=0.1ms。

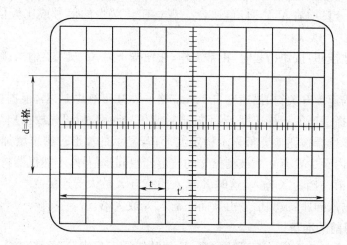

校正信号: 10kHz 40my

Y:10mv/格　X:0.1ms/格

图 3-5　校准信号波形

若用频率表示,则 f=1/T=1/0.1ms=10kHz。

为了提高测量精度,也可以用 n 个完整波形所占的格值 t′乘以扫描速度开关挡位 B,其结果再除以 n,如上例 t′=10 格,n=10,T=(10 格×0.1ms/格)/10=0.1ms。

(2)电压测量

利用本示波器的 Y 轴放大器配合衰减开关⑨可以对幅度在 10mV~240V 之间的信号进行测量。

1)直流电压测量。本机 Y 轴放大器频带是从 DC 开始的,故只要将 AC−DC 按钮开关⑪按下,放在 DC 位置就可对直流电压进行测量。直流电压从 Y 输入,扫描基线放在中间,当直流电压输入时,扫描线向上移为正电压,向下移为负电压,其值可用公式(3-1)计算,扫描线向上(或向下)偏移的格值乘以衰减挡位即可得出其电压值(X 扫描开关可放在任意位置,如 0.1ms/格挡)。

2)交流电压测量。在工作中,常要测量交流信号的峰−峰之间或波形上某两点之间的电压幅值,这时应将信号从 Y 端输入,AC－DC 开关放 AC 位置(若被测信号频率很低时也可放在 DC 位置,但这时应注意其直流分量),调节 Y 衰减开关、X 扫速开关和同步钮,使示波器得到稳定的波形,从屏幕上读出该信号峰－峰之间所占的格值 d,其值乘以 Y 衰减开关挡位 C[按公式(3-1)]即可求得其电压值。

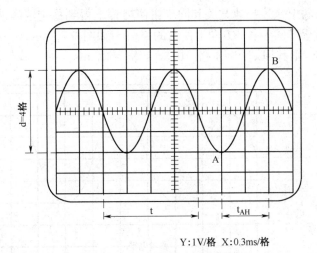

Y:1V/格　X:0.3ms/格

图 3-6　交流电压测量

以图 3-6 为例,其正弦信号的峰－峰所占的格值为 4 格,Y 衰减开关在 1V/格,则幅值 $V_{p\text{-}p}$ 为:

$$V_{p\text{-}p}＝4 \text{ 格}\times1V/\text{格 V} \tag{3-3}$$

应注意的是,上述测量结果是该正弦信号的峰－峰值,一般正弦信号用有效值 Vms 表示,应按公式(3-3)换算

$$Vms＝V_{p\text{-}p}\div2.828 \tag{3-4}$$

若用本机 100:1 探头测量时,则测量结果乘以 100。

3)瞬时电压测量。它和交流分量电压测量的区别在于测量时要有一个基准电平线,通常以地电位作参考点,具体方法如下:

将 AC-DC 按钮⑪按下(放 DC 位置),将 Y 放大器输入接地,调 Y 位移钮,使扫描线移动某一固定电平线上(这要根据被测信号极性和幅度决定),为了方便,常使扫描线和某一格坐标重合(如图 3-7 所示,参考电平线和屏幕自下向上第二格坐标线重合);在参考电平线确定以后,Y 位移钮不能再动,以后一切测量均以此线为基准,信号送入 Y 输入端,调节扫速开关和同步钮使屏幕上得到稳定波形,如图 3-7 所示。若这时 Y 衰减开关在 1V/格,则:

A 点瞬时电压=d1×1V/格=5×1=5

B 点瞬时电压=d2×1V/格=1×1=1

交流分量 VAC＝(d1－d2)×1V/格＝(5－1)×1＝4V_{p-p}

直流分量 CDC＝d3×1V/格＝3×1＝3V

(3)时间的测量

用扫速开关挡位值与屏幕上光点水平方向的偏转格值可以测量信号的重复周期或波形上任意两点 A 和 B 之间的时间间隔,具体方法如下:被测信号送 Y 输入端,调节 Y 衰减挡位、X 扫速开关和同步钮使屏幕上得到稳定清晰波形,读出一个完整波形(一个周期)在水平方向上所占的格值 t,如图 3-7 所示,t＝4 格,X 扫速开关为 0.3ms/格,则其周期 T＝4 格×0.3ms/格＝1.2ms。

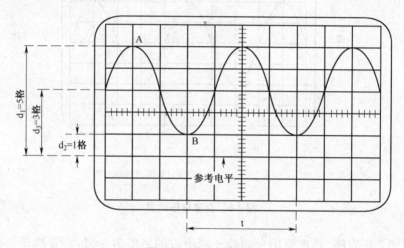

图 3-7　瞬时电压测量

测图 3-7 中 A、B 两点的时间间隔 T_{AB},T_{AB}＝2 格×0.3ms/格＝0.6ms。

(4)频率的测量

要测信号的重复频率 f,方法同上,只要将测量值换算成频率即可,f＝1/T,如图 3-7 所示,T＝1.2ms,则 f＝1/(1.2×10^{-3})＝833.3Hz。

3. 应用举例

(1)测量功放集成块的质量和放大倍数

测量 175 功放集成块,若用一般数字式或指针式万用表,因其频带宽度太窄(一般只有几百 Hz)故无能为力,若用 BS－7701 示波器来测量就很容易。具体方法如下:

按图 3-8 所示连接好 175 功放块(必须加于 20×15×0.3cm 散热片)、±32V 电源、BS－7701 示波器、低频信号发生器和 8Ω 负载(功率大于 50W)。

1)检查小信号工作状态。将信号源频率放在 1KHz,BS-7701 示波器 X 扫速开关放 0.3ms/格,Y 衰减开关放 3V/格,逐步增大信号源输出,使 BS-7701 示波器屏幕上有 3～4 格幅度的波形,调节同步钮,使波形稳定,这时约有 2W 的输出功率,正品 175 均能正常工作,波形不失真。从示波器屏幕上显示的波形应该是正弦波,没有明显的失真;若是伪劣产品,波形失真严重,有的正弦波变成三角波,有的出现振荡。

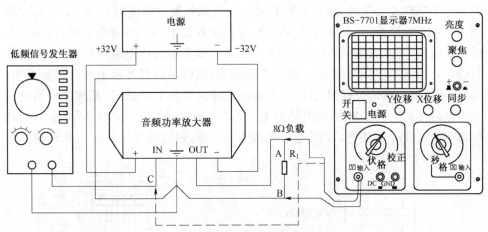

图 3-8　测量功放集成块音频信号

2)检查输出失调电压。线路连接同上,将 175 功放块输入端对地短路,将 BS-7701 示波器的 AC－DC 按钮按下(在 DC 位置),将 Y 衰减开关逐步减小至 10mV/格挡,这时扫描线与零线的偏转格值应小于 5 格,即 5 格×10mV/格,正品 175 均能满足输出失调电压小于 50mV 的要求,而伪劣产品失调电压有时很大,根本无法使用。

3)检查额定输出功率和放大倍数。线路连接同上,信号源频率输入 1kHz,BS-7701 示波器 X 扫速开关放在 0.3ms/格,Y 衰减开关放 10V/格,调节信号源输出,使示波器屏幕上垂直方向有 5 格左右的波形;调同步钮使波形稳定,这时输出功率已达到 35W 左右,正品 175 功放块显示的波形稳定清晰,不失真,波形上没有振荡,记下这时波形正峰－负峰所占的格值,如实测某 175 功放块为 4.8 格,则 V_{p-p} =4.8 格×10V/格=48V_{p-p},Vrms=48V_{p-p}/2.828=16.97V;已知 RL=8Ω,输出功率 $P=V^2/R=16.97^2/836W$(175 指标 35W)。

若是伪劣 175 功放块,这时立即显原形,波形上振荡严重,有的无法得到稳定波形,大部分则输出不了这么大的功率。保持信号源输出不变,将示波器输入夹子接到 175 功放的输入端(图 3-8 虚线所示),将 Y 衰减开关逐步减小至 100mV/格,调同步钮使波形稳定,记下这时波形正峰－负峰所占的格值。例如,实测某 175 功放块为 6.8 格,则 V_{p-p}=6.8 格×100MV/格=680mV_{p-p},Urms=680mV_{p-p}/2.828 =240mV。该 175 功放块的放大倍数 K=16.97/0.24=70.7 倍,即增益=20 log70.7=37db(175 指标:30db)。

以上测试结果均达到了 175 功放块的技术指标,证明其质量可靠。测试时应注意,测试时间不能过长,注意 175 功放块的温度,因为长时间满功率正弦波输出会导致 175 升温很快,从而容易烧坏。

(2)测量彩电行输出管集电极高压脉冲波形

按图 3-9(a)所示连接好线路,为了确保安全,彩电电源用 1∶1 隔离变压器(不论彩电是热底或冷底板,因为有时要测开关电源和集电极波形),BS-7701 示波器用 100∶1TV 探头,Y 衰减开关 3V/格,X 扫速开关 10us/格,开电视机,选一正在播放的电视台,使图像同步稳定,将 100∶1TV 探头地线接电视机地,探头探针接行输出管集电极,调示波器同步钮使波形同步,这时示波器屏幕上可得到如图 3-9 (b)所示波形。这是长虹牌 CJ－37A 彩电行输出管集电极波形,其脉冲峰值电压在示波器屏幕上占 2.9 格,则其峰值电压为 2.9 格×3V/格×100＝870Vp-p,与其标称电压 880Vp-p 相符。两个脉冲间隔为 6.4 格,则周期为 6.4 格×10us/格＝

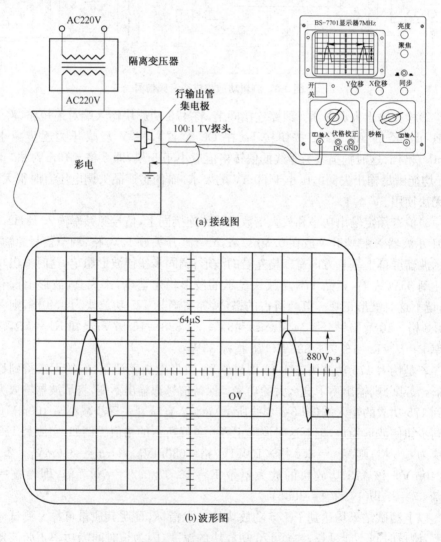

(a) 接线图

(b)波形图

图 3-9　测量彩电行输出管集电极高压脉冲波形

64us。不同彩电,其脉冲峰值电压和波形略有差异,但其形态是一样的,示波器显示的波形应清晰,没有其他杂波。经常用示波器观察波形,可积累经验,快速找到故障点。

小结:

本章以培养学生对仪器、仪表的操作能力为目的,以常用电子测量仪器的功能、特点及使用方法为主线,重点介绍了万用表、信号发生器、电子电压表、示波器、晶体管特性图示仪、数字频率计等常用电子测量仪器的功能、特点及使用方法。

1)以 MF50 型万用表为例介绍了万用表的技术性能和使用方法。MF50 型万用表是一种高灵敏度袖珍型万用表,可测量直流电流、直流电压、电阻和交流电压;测量晶体管的电流放大系数(hFE)、音频电平、电容、电感等。同时介绍了 DT-890B 数字万用表的特点,以及与模拟万用表在测量过程中的区别。要求熟练掌握直流电流、直流电压、交流电压、电阻和晶体管的测量方法。

2)介绍了信号发生器技术性能和仪器面板。信号发生器是无线电调试和修理的重要仪器,特别是在收音机的生产调试中得到了广泛的应用,所以应重点掌握信号发生器的使用条件和操作方法。

3)示波器是近代电子科学领域的重要测量工具之一,同时也是其他许多领域广泛应用的测量仪器,它不仅能观察电压(电流)的波形,而且还可以测量电压、频率、相位、功率等参数,也可以利用换能器将各种非电量(如温度、压力、声压、照度、热量、磁通等)变换为电量,然后再进行观察与测量。本章以 BS-7701 型双踪示波器为例,介绍了示波器的技术性能和测量方法。

除以上常用仪器仪表外,还应掌握以下几种设备的作用和测量方法:晶体管毫伏表;晶体管特性图示仪(由测试晶体管特性参数的辅助电路与示波器组成。在荧光屏上可以直接观察晶体管的各种特性曲线,通过标尺刻度可以直接读出晶体管的各项参数。该仪器可以测试 NPN 型和 PNP 型晶体管的共发射极、共基极电路的输入特性和转移特性;测量晶体管的电流放大特性和输出特性;测试各种反向饱和电流和击穿电压;测量场效应晶体管、稳压管、隧道二极管、单结晶体管、光耦合器件等的特性及参数);数字频率计等仪器。

第4章 印制电路板的设计与手工制作

4.1 印制电路板的设计

印制电路板设计是电子制作的重要环节。印制电路板设计合理与否,直接影响到印制电路板单元的质量与电气性能。设计合理的印制电路板,元件排列整齐、布线合理、位号分明、不自激、级间互不干扰。印制电路板有单面印制电路板和双面印制电路板两种。对于初学者来说,掌握一些单面印制电路板设计的基本知识是非常必要的。

4.1.1 印制电路板的设计步骤

1. 合适的印制电路板

印制电路板一般用敷铜板制成,常用的敷铜板介绍见本章4.2节。敷铜板的选用有三点:一是材料,敷铜板材料选用时要从所要求的电气性能、可靠性、加工工艺要求和经济指标等方面考虑,不同材料的层压板有不同的特点。环氧树脂与铜箔有极好的黏合力,因此铜箔的附着强度和工作温度较高,可以在260℃的熔锡中不起泡。环氧树脂浸过的玻璃布层压板受潮气的影响较小。超高频电路板最好是敷铜聚四氟乙烯玻璃布层压板。在要求阻燃的电子设备上,还需要阻燃的电路板,可以采用浸入了阻燃树脂的电路板。二是厚度,电路板的厚度应该根据电路板的功能、所装元件的重量、电路板插座的规格、电路板的外形尺寸和承受的机械负荷等因素来决定,主要是应该保证足够的刚度和强度。三是尺寸,从成本、铜膜线长度、抗噪声能力考虑,电路板尺寸越小越好,但是电路板尺寸太小,则散热不良,且相邻的导线容易引起干扰。电路板的制作费用是和电路板的面积相关的,面积越大,造价越高。在设计具有机壳的电路板时,电路板的尺寸还受机箱外壳大小的限制,所以一定要在确定电路板尺寸前确定机壳大小,否则就无法确定电路板的尺寸。一般情况下,在禁止布线层中指定的布线范围就是电路板尺寸的大小。电路板的最佳形状是矩形,长宽比为3∶2或4∶3。当电路板的尺寸大于200mm×150mm时,应该考虑电路板的机械强度。总之,应该综合考虑利弊来确定电路板的选用。

2. 器件整体布局合理

虽然很多CAD软件都能够自动布局,但是还是应当熟知元器件整体布局时一般应遵循的规则。

(1)特殊元件的布局

特殊元件的布局从以下几个方面考虑:

1)高频元件:高频元件之间的连线越短越好,设法减小连线的分布参数和相互之间的电磁干扰,易受干扰的元件不能离得太近。输入和输出元件之间的距离应该尽可能大一些。

2)具有高电位差的元件:应该加大具有高电位差元件和连线之间的距离,以免出现意外短路时损坏元件。为了避免电磁干扰现象的发生,一般要求 2 000V 电位差之间的铜膜线距离应该大于 2mm,若对于更高的电位差,距离还应该加大。带有高电压的器件,应该尽量布置在调试时手不易触及的地方。

3)重量太大的元件:此类元件应该有支架固定,而对于又大又重、发热量多的元件,则不宜安装在电路板上。

4)发热与热敏元件:注意发热元件应该远离热敏元件。

5)可以调节的元件:对于电位器、可调电感线圈、可变电容、微动开关等可调元件的布局应该考虑整机的结构要求,若是机内调节,应该放在电路板上容易调节的地方;若是机外调节,其位置要与调节旋钮在机箱面板上的位置相对应。

6)电路板安装孔和支架孔:应该预留出电路板和支架的安装孔,因为这些孔和孔附近是不能布线的。

(2)按照电路功能布局

如果没有特殊要求,尽可能按照原理图的元件安排对元件进行布局,信号从左边进入、从右边输出,从上边输入、从下边输出。按照电路流程,安排各个功能电路单元的位置,使信号流通更加顺畅和保持方向一致。以每个功能电路为核心,围绕这个核心电路进行布局,元件安排应该均匀、整齐、紧凑,原则是减少和缩短各个元件之间的引线和连接。数字电路部分应该与模拟电路部分分开布局。

(3)元件离电路板边缘的距离

所有元件均应该放置在离电路板边缘 3mm 以内的位置,或者至少距电路板边缘的距离等于板厚,这是由于在大批量生产中进行流水线插件和进行波峰焊时,要提供给导轨槽使用,同时也是防止由于外形加工引起电路板边缘破损、引起铜膜线断裂导致废品。如果电路板上元件过多,不得已要超出 3mm 时,可以在电路板边缘上加上 3mm 辅边,在辅边上开 V 形槽,在生产时用手掰开。

(4)元件放置的顺序

首先放置与结构紧密配合的固定位置的元件,如电源插座、指示灯、开关和连接插件等。再放置特殊元件,如发热元件、变压器、集成电路等。最后放置小元器件,如电阻、电容、二极管等。

3. 综合布线

1)线长:铜膜线应尽可能短,在高频电路中更应该如此。铜膜线的不拐弯处应为圆角或斜角,直角或尖角在高频电路和布线密度高的情况下会影响电气性能。当双面板布线时,两面的导线应该相互垂直、斜交或弯曲走线,避免相互平行,以减少寄生电容。

2)线宽:铜膜线的宽度应以能满足电气特性要求而又便于生产为准则,它的最小值取决于流过它的电流,但是一般不宜小于 0.2mm。只要板面积足够大,铜膜线宽度和间距最好选择 0.3mm。一般情况下,1~1.5mm 的线宽允许流过 2A 的电流,如地线和电源线最好选用大于 1mm 的线宽。在集成电路座焊盘之间走两根线时,焊盘直径为 50mil,线宽和线间距都是 10mil;当焊盘之间走一根线时,焊盘直径为 64mil,线宽和线间距都为 12mil。注意公制和英制之间的转换,100mil=2.54mm。

3)线间距:相邻铜膜线之间的间距应该满足电气安全要求,同时为了便于生产,间距应该越宽越好。最小间距至少能够承受所加电压的峰值。在布线密度低的情况下,间距应该尽可能的大。

4)屏蔽与接地:铜膜线的公共地线应该尽可能放在电路板的边缘部分。在电路板上应该尽可能多地保留铜箔做地线,这样可以使屏蔽能力增强。另外地线的形状最好做成环路或网格状。多层电路板由于采用内层作电源和地线专用层,因而可以起到更好的屏蔽作用效果。

4. 焊盘要求

焊盘的内孔尺寸必须从元件引线直径和公差尺寸以及镀锡层厚度、孔径公差、孔金属化电镀层厚度等方面考虑,通常情况下以金属引脚直径加上 0.2mm 作为焊盘的内孔直径。例如,电阻的金属引脚直径为 0.5mm,则焊盘孔直径为 0.7mm,而焊盘外径应该为焊盘孔径加 1.2mm,最小应该为焊盘孔径加 1.0mm。当焊盘直径为 1.5mm 时,为了增加焊盘的抗剥离强度,可采用方形焊盘。对于孔直径小于 0.4mm 的焊盘,焊盘外径/焊盘孔直径=0.5~3。对于孔直径大于 2mm 的焊盘,焊盘外径/焊盘孔直径=1.5~2。常用的焊盘尺寸如下所示:

焊盘孔直径/mm 0.4　0.5　0.6　0.8　1.0　1.2　1.6　2.0
焊盘外径/mm 　　1.5　1.5　2.0　2.0　2.5　3.0　3.5　4

设计焊盘时的注意事项如下:

1)焊盘孔边缘到电路板边缘的距离要大于 1mm,这样可以避免加工时导致焊盘缺损。

2)当与焊盘连接的铜膜线较细时,要将焊盘与铜膜线之间的连接设计成泪滴状,这样可以使焊盘不容易被剥离,而铜膜线与焊盘之间的连线不易断开。

3)相邻的焊盘要避免有锐角。

5. 大面积填充

电路板上大面积填充的目的有两个,一个是散热,另一个是用屏蔽减少干扰。为避免焊接时产生的热使电路板产生的气体无处排放而使铜膜脱落,所以应该在大面积填充上开窗,后者使填充为网格状。使用敷铜也可以达到抗干扰的目的,而且敷铜可以自动绕过焊盘并可连接地线。

6. 跳线

在单面电路板的设计中,当有些铜膜无法连接时,通常的做法是使用跳线。跳线的长度应该选择如下几种:6mm、8mm 和 10mm。

4.1.2　印制电路板设计注意事项

1)布线方向:从焊接面看,元件的排列方位尽可能保持与原理图一致,布线方向最好与电路图走线方向相一致,因生产过程中通常需要在焊接面进行各种参数的检测,故这样做便于生产中的检查,调试及检修。

2)各元件排列:分布要合理和均匀,力求整齐、美观、结构严谨的工艺要求。

3)电阻、二极管的放置方式分为平放与竖放两种。

①平放:当电路元件数量不多而且电路板尺寸较大的情况下,一般采用平放较好。对于 1/4W 以下的电阻平放时,两个焊盘间的距离一般取 0.4 英寸;1/2W 的电阻平放时,两焊盘的间距一般取 0.5 英寸。二极管平放时,1N400X 系列整流管一般取 0.3 英寸;1N540X 系列整流管一般取 0.4~0.5 英寸。

②竖放:当电路元件数较多而且电路板尺寸不大的情况下,一般是采用竖放,竖放时两个焊盘的间距一般取 0.1~0.2 英寸。

4)电位器与 IC 座的放置原则。

①电位器:在稳压器中用来调节输出电压,故设计电位器应满足顺时针调节时输出电压升高,逆时针调节时输出电压降低。在可调恒流充电器中,电位器用来调节充电电流的大小,设计电位器时应满足顺时针调节时电流增大。电位器安放位置应当满足整机结构安装及面板布局的要求,因此应尽可能放置在印制电路板的边缘,旋转柄朝外。

②IC 座:设计印制电路板图时,在使用 IC 座的场合下,一定要特别注意 IC 座上定位槽放置的方位是否正确,并注意各个 IC 脚位是否正确,如第 1 脚只能位于 IC 座的右下角或者左上角,而且紧靠定位槽(从焊接面看)。

5)进出接线端布置。

①相关联的两引线端不要距离太大,一般为 0.2~0.3 英寸较合适。

②进出线端尽可能集中在 1~2 个侧面,不要太过离散。

6)设计布线图时要注意管脚排列顺序,元件脚间距要合理。

7)在保证电路性能要求的前提下,设计时应力求走线合理,少用外接跨线,并按一定顺序要求走线,力求直观,便于安装和检修。

8)设计布线图时走线尽量少拐弯,力求线条简单明了。

9)布线条宽窄和线条间距要适中,电容器两焊盘间距应尽可能与电容引线脚的间距相符。

10)设计应按一定顺序方向进行,如可以按照由左往右和由上而下的顺序进行。

4.2　印制电路板制作工艺过程

电路板一般采用酚醛纸基敷铜板制作,也可采用环氧纸基或环氧玻璃布敷铜箔板制成。下面主要以单面板的制作过程进行讲解,制作流程如图 4-1 所示。

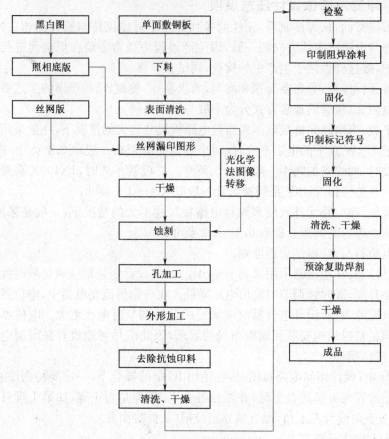

图 4-1　单面板的制作流程

1. 敷铜板的处理

制作印制电路板,其实就是将敷铜板上的一些铜去掉,留下一些作为印制导线,构成所需要的电路。第一步就是选择敷铜板并进行处理。

敷铜板的处理包括剪裁、清理两步。

剪裁是根据所需要的尺寸裁剪敷铜板。这一步比较简单,可以用锯,也可以用刀按照边框线多刻几次,然后用手掰断。同时用锉刀将四周边缘毛刺去掉。

清理是对敷铜板进行表面污物和氧化层的处理。由于存储等原因,敷铜板的表面会有污物和铜箔氧化的现象,在进行拓图前必须将污物和氧化层去掉。可以用水砂纸蘸水打磨,也可以用去污粉擦洗,最后用干布擦干净即可。

2. 拓图及丝网印刷技术

(1)拓图

拓图是将制作好的印制电路板图用复写纸拓到印制电路板上。将电路图转化为印制电路板图,可以手工也可以用软件来完成。注意拓图时最好将复写纸和印制电路板图用双面胶固定在敷铜板上,以防止拓图过程中发生错位现象。建议用不同颜色的笔进行刻画,这样可以防止出现错误和漏画。

(2)丝网印刷技术

丝网漏印法是指将选好的印制电路板图制在丝网上,然后用印料(油墨等)通过丝网板将线路图形漏印到敷铜板上的方法。因为丝网漏印法成本低廉、效率高、操作简便等优势,所以在印制电路板制造中应用最为广泛,而且它具有较高的精度,非常适用于单面印制电路板和双面印制电路板的生产。丝印设备有适合手工操作的简单丝印装置,也有印制效率比较高的半自动和自动网漏印机。

3. 描图(描涂防腐蚀层或称掩膜)

所谓描图是在复制好电路图的敷铜板上需要保留的部位覆盖上一层保护膜,从而在烂板过程中被保留下来。掩膜的方法有不少,下面介绍几种。

1)漆膜:清漆(或磁漆)一瓶、细毛笔一支、香蕉水一瓶。将少量清漆倒入一小玻璃瓶中,再掺入适量香蕉水将其稀释,然后用细毛笔醮上清漆,按复印好的电路掩膜,在穿线孔处描出接点。在描图过程中要仔细,如果描出边线或粘连造成短路时可暂不处理。待电路描完后可让其自然干燥或加热烘干。待漆膜固化后,再参照排版草图用裁纸刀将导线上的毛刺和粘连部分修理掉。最后再检查一遍,如无遗漏便可进行腐蚀了。

2)胶纸法:在已复制好电路图的敷铜板上用透明胶带贴满,如果有较大部位不需掩膜的也可不贴。用裁纸刀沿导线和接点边缘刻下,待全部刻完后将不需掩膜处的胶纸揭去后即可。

3)喷漆法:找一张大小适中的投影胶片,按排版草图将需要掩膜的部分用刀刻去。刻好后即可将其覆盖在已裁好的敷铜板上,用市售罐装快干喷漆对电路板喷一遍。漆层不要太厚,过厚粘附力反而下降,待漆膜稍干后揭去胶片即可。该法速度快,适用于小批量制作印制电路板。

4. 蚀刻

蚀刻就是指腐蚀和雕刻。上一步已经将所要保留的铜箔进行了保护处理,此步就是通过腐蚀的方法或者用刀雕刻的方法将不要的铜箔予以去除。

(1)腐蚀法

印制电路板的腐蚀液通常使用三氯化铁溶液。固体三氯化铁由于其吸湿性很强,所以存放时必须放在密封的塑料瓶或玻璃瓶中。三氯化铁具有较强的腐蚀性,在使用过程中应避免溅到皮肤或衣服上。

配制腐蚀液可取 1 份固体三氯化铁与 2 份水混合(重量比),将它们放在大小合适的玻璃烧杯或搪瓷盘中,加热至 40℃左右(最高不宜超过 50℃),然后将掩好膜的敷铜板放入溶液中浸没,并不时搅动液体使之流动,以加速其腐蚀。夹取印制电路板的夹子可用洗相片用的竹夹子,也可以用竹片自制,不宜使用金属夹。

腐蚀过程是从印制电路板边缘开始的,即从有线条和接点的周边逐渐腐蚀。

腐蚀的时间最好短些,避免导线边缘被溶液浸入形成锯齿形,所以要经常观察腐蚀的进度。当未覆膜的铜箔被腐蚀掉时,应及时将印制电路板取出并用清水冲洗干净,然后用细砂纸将电路板上的漆膜轻轻擦去。

为了提高腐蚀速度,可以采用电解法,其具体步骤如下:

1)在已覆膜的敷铜板上找一块较大面积的空白处,焊上一根约 20cm 的焊锡丝,并在靠近铜箔处的焊锡丝上涂一层松香酒精液以防腐蚀。将稳压电源的正极夹在焊锡丝的上部。

2)将一段焊锡丝绕在一根长 10cm 的铁棒(铁钉)上,并留下 20cm 长一段作连线,与稳压电源负极导线相连。

3)将敷铜板浸没在三氯化铁溶液中,将负极铁棒放入盘中并注意不要和敷铜板相碰短路。

4)将稳压电源的电压调节旋钮调至最低后再接通电源,然后缓慢地调高电压。这时可看见负极板上有气泡产生,并伴有"吱吱"的响声。开始时由于接触面积较大,电解速度较快;随着时间的延长,电流会逐渐减小,这时可适当提高电压。

5)电解完毕后,取出电路板用清水洗净,用刀片将残余的铜斑除去后,再用砂纸去漆膜。

在操作的时候,注意一定要戴上胶手套,因为三氯化铁溶液对人的皮肤有刺激作用,人体不能接触。如果不小心沾上了,一定要马上用清水洗干净。

(2)刀刻法

刀刻法就是用刀将不需要的铜箔去除掉。此种方法方便、快捷,适合比较简单的印制电路板电路。

第一步用小刀刻出印制导线的轮廓。最好借助直尺,由于是第一遍,所以用刀时要轻,以免刻出错误印痕,导致后面错误延续。

第二步用小刀刻透铜箔。在第一步的基础上,用刀的后部用力下压,将铜箔完全刻透,注意要慢慢进刀,要保证没有不透和不断的地方。可以重复几次,直至确定。

第三步起铜箔。用刀尖轻轻挑起一个头,然后用尖嘴钳夹住,慢慢向下撕,注意是否有同需要保留的铜箔连接的地方。否则容易将需要保留的部分一起撕下。

5. 打孔

用手摇钻或小电钻打孔均可。注意不要过快,防止移位和折断钻头。打孔完毕后,要进行整理,去除毛刺和粉末。打好孔后,要用小刀和砂纸对电路板进行相应的修理。

6. 涂助焊剂

在完成上述步骤后,为提高焊接质量,需要在印制导线的铜箔上涂助焊剂。这样可以防止铜箔氧化,提高可焊性。

(1)涂松香酒精助焊剂

将松香放入酒精溶液中,待完全溶解后,就制成了松香酒精助焊剂。松香和酒精的比例按照 1∶2 或 1∶3。然后用毛刷蘸上溶液均匀涂抹在印制电路板上,晾干即可,也可以采用松香助焊剂成品。

(2)镀银层助焊剂

将硝酸银溶液倒入搪瓷盘中,放入印制电路板并完全浸没。约十几分钟后,等铜箔上留有一层银后,取出印制电路板,并用水清洗,晾干就可以了。

4.3　电脑制板

利用计算机辅助设计技术设计印制电路板,图形规范、尺寸精确、布线合理、工效高、容易修改、便于保存。在设计数字逻辑电路印制电路板时,尤能发挥其优点。目前用计算机设计印制电路板的常见软件主要 Protel 和 OrCAD,现简单介绍如下。

4.3.1　Protel99 软件简介

近年来,计算机技术发展迅猛,硬件技术的发展为 CAD 软件提供了更好的发展平台,CAD 软件也取得了很大的发展。当前,CAD 软件种类很多。本节和下节简单介绍两种比较流行的 CAD 软件—— Protel99 和 OrCAD。

Protel99 是 Protel 公司的产品,是基于 Windows 平台的 32 位 EDA 设计系统。该软件能实现从电学概念设计到输出物理生产数据,以及这之间的所有分析、验证和设计数据管理。因而今天的 Protel 最新产品已不是单纯的 PCB(印制电路板)设计工具,而是一个系统工具,覆盖了以 PCB 为核心的整个物理设计。最新版本的 Protel 软件可以毫无障碍地读 OrCAD、Pads、Accel(PCAD)等著名 EDA 公司设计的文件,以便用户顺利过渡到新的 EDA 平台。

下面简单介绍 Protel99SE 软件。

1. 运行环境

硬件配置

最低:Intel Pentium II 233MHZ

内存-32M

硬盘-300M

显示器-SVGA,15″

显示分辨率-800×600

建议配置:

CPU-Intel Pentium II 300 以上

内存-128M 硬盘-6G 以上

显示器-SVGA,17″以上

显示分辨率-256 色,1024×768

操作系统

Microsoft Windows NT 4.0 或以上版本(含中文版)。

Microsoft Windows 98/95 或以上版本(含中文版)。

2. Protel99SE 的主要功能模块

现在流行的版本 Protel99 SE 共分 5 个模块,分别是原理图设计、PCB 设计(包含信号完整性分析)、自动布线器、原理图混合信号仿真、PLD 设计。

1)电路原理图设计系统(Advanced Schematic 99SE):该模块是一个功能完备的电路原理图编辑软件,主要用于电路原理图设计 、电路原理图元件设计、电路原理图报表生成等。

2)印制电路板设计系统(Advanced PCB 99SE):该模块是一个功能强大的 PCB 设计软件,主要用于 PCB 设计、元件封装设计、产生 PCB 板的各种报表及输出 PCB。

3)自动布线系统(Advanced Route 99SE):该模块是一个完全集成的无网格自动布线系统,使用简单、效率高。

4)原理图混合信号仿真系统(Advanced SIM 99SE):该模块是一个基于 Spice3.5 标准的仿真器。

5)PLD 设计系统(Advanced PLD 99SE):该模块是一个集成的 PLD 开发系统,支持各大厂家器件,能提供符合工业标准的 JEDEC 的输出。

4.3.2 OrCAD 软件简介

ORCAD 是由 OrCAD 公司于八十年代末推出的 EDA 软件,它是世界上使用最广的 EDA 软件,每天都有上百万的电子工程师在使用它。相对于其他 EDA 软件而言,它的功能也是最强大的。该软件系统集成了电原理图绘制、印制电路板设计、数字电路仿真、可编程逻辑器件设计等功能,而且它的界面友好且直观,它的元器件库也是所有 EDA 软件中最丰富的。在世界上,它一直是 EAD 软件中的首选。

1. 运行环境

硬件配置

最低:Intel Pentium II 233MHZ

内存—32M

硬盘—300M

显示器—SVGA,15″

显示分辨率—800×600

建议配置:

CPU—Pentium II 300 以上

内存—128M 硬盘—6G 以上

显示器—SVGA,17″以上

显示分辨率—256 色,1024×768

操作系统

Microsoft Windows NT 4.0 或以上版本(含中文版)。

Microsoft Windows 98/95 或以上版本(含中文版)。

2. OrCAD 的主要功能模块

OrCAD10.5 包括供设计输入的 OrCAD Capture,供类比与混合信号模拟用的 PSpice A/D Basics,供电路板设计的 OrCAD Layout 以及供高密度电路板自动绕线的 SPECCTRAR4U。

1)OrCAD Capture 具有快捷、通用的设计输入能力,使 OrCAD Capture 原理图输入系统成为全球范围内广受欢迎的设计输入工具。它针对设计一个新的模拟电路、修改现有的一个 PCB 的原理图,或者绘制一个 HDL 模块的方框图,都提供了所需要的全部功能,并且可以迅速地验证设计。OrCAD Capture 作为设计输入工具,它运行在 PC 平台,用于 FPGA、PCB 和 PSpice 设计应用中。它是业界第一个真正基于 Windows 环境的原理图输入程序。Capture 易于使用的功能和特点使其已经成为原理图输入的工业标准。

2) OrCAD Layout,电路板设计软件具有聪明的布线环境,方便的生产接口,OrCAD PCB Editor 是 OrCAD Layout 最主要和最强大的核心工具,也是由世界最先进的 Cadence / Allegro 电路板设计系统所研发的。OrCAD Layout 是一个用来建立及绘制复杂多层的电路板设计平台,可扩张的功能选项使它对于现今市面上的设计及生产需求都能够完全符合,并能安心面对未来的挑战。

3)PSpice A/D (included in OrCAD with PSpice v10.5) 是一个全功能的模拟与混合信号仿真器,它支持从高频系统到低功耗 IC 设计的电路设计。PSpice 的仿真工具已和 OrCAD Capture 及 Concept HDL 电路编辑工具整合在一起,让工程师方便地在单一的环境里建立设计、控制模拟及得到结果。

4)SPECCTRA,用以支援设计日益复杂的各种高速、高密度印制电路板设计。SPECCTRA 为设计师提供了一种以形状为基础的、功能强大的绕线器,可在减少使用者介入的情况下完成各种复杂设计。

第5章　电子产品小制作及
收音机组装实训

电子产品小制作可以提高动手能力。例如,利用市场销售的收音机套件亲手组装一台晶体管收音机,就可学习到许多实际动手的知识。本章以声控开关的组装及采用低压 3V 电源袖珍超外差式晶体管收音机实验套件为例讲解其组装调试维修及常用检测方法。

5.1　声控开关的组装

制作一些小的电子产品可以提高动手能力,本节以声控开关的组装为例进行介绍。

声控开关广泛应用于多种控制电路,如楼道声控自动控制照明灯电路。

1. 电路结构与工作原理

声控开关的整机电路如图 5-1 所示。变压器 T 和 1D 1C 等构成电源供电电路,由驻极体传声器 B 作声波传感器,当它接收到声音后能转换而产生几毫伏的微弱电信号。这信号经 C1 加到 VT1 的基极和发射极之间,R1 是电源向传声器供电的限流电阻,R2 是 VT1 的偏流电阻,调节 R2 可控制电路的灵敏度。VT1 将电信号放大后,由集电极输出。该信号经过 C3、R9、C4、R10 转换成一个尖脉冲信号,通过隔离二极管 VD1、VD2 触发由 VT2、VT3 组成的双稳态电路,使它翻转(假设VT3 原状为饱和),VT3 截止输出高电平,使驱动晶体晶体管 VT4 导通,继电器 K 吸合,接点 Kr1－1 闭合,被控的电器接通电源而开始工作。直至传声器 B 第二次收到外来声音,VT3 重新变为饱和,VT4 截止,继电器 K1 释放,接点 Kr1－1 断开,被控的电器停止工作。以后每当传声器 B 收到一次信号,稳态电路便翻转一次,继电器也就动作一次。

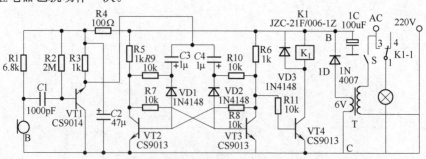

图 5-1　声控开关电原理图

双稳压电路有两个输入触发端(两个晶体管的基极)和两个输出端(两个晶体管的集电极)。这两个输出端的极性始终是相反的,即一个为高电平,另一个必定为低电平。其工作原理如下:VT2、VT3 为作开关用的晶体管,R5、R6 为各自的负载电阻。R7、R8 是两个晶体管极间耦合电阻,其电路都是对称的。当电源接通后,两管子的集电极电流 I_C 的增加程度不可能一样。假设 I_{c2} 较 I_C 容易增加,则电路会发生如下的正反馈过程:$I_{c2}\uparrow \rightarrow U_{c2}\downarrow \rightarrow U_{b3}\uparrow \rightarrow I_{b3}\downarrow \rightarrow I_{c3}\downarrow \rightarrow U_{c3}\uparrow \rightarrow U_{b2}\uparrow \rightarrow I_{b2}\uparrow \rightarrow I_{c2}\uparrow$。结果使 VT2 迅速进入饱和状态,VT3 处于截止状态。反之,则 VT2 截止、VT3 饱和。如果以 VT3 的集电极作为双稳态电路的输出端,它只能输出两个状态,即高电平("1")和低电平("0")。实际上,当电源接通时,哪个管子截止,哪个管子饱和,出于偶然。但总是一个管子饱和以及另一个管子截止。电路稳定后状态不会改变,要改变状态,必须外加触发信号。双稳态电路具有双稳和触发翻转两个特性。由 C3、C4、VD1、VD2、R9、R10 组成了自控门触发电路。如果负脉冲触发信号输入前 VT2 饱和,VT3 截止,此时 VD1 为正。

2. 制作与调试

图 5-2 为声控开关制作的印制电路板图,所有器件按图 5-1 所标参数选择。

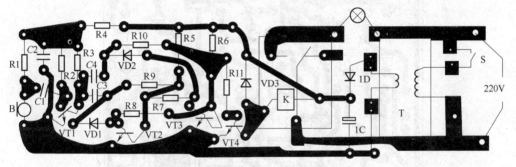

图 5-2 声控开关的印制电路板图

在安装前先用万用表对所有的元器件测量一遍,如果无损坏元器件,则可以进行安装。根据印制电路板照图 5-2 上的元件代号,再将相同规格的元件插入焊接孔中,焊接后剪去多余的引线。此电路元件只要安装无误,焊接良好,电路一般不需要调试即可以正常工作。如需要改变工作时间,调整 C3、C4 的容量即可。

5.2 收音机组装实训

5.2.1 整机电路分析

1. 电原理图及印制电路板图

低压 3V 电源袖珍超外差式晶体管收音机电路原理图如图 5-3 所示,印制电路板图如图 5-4 所示。

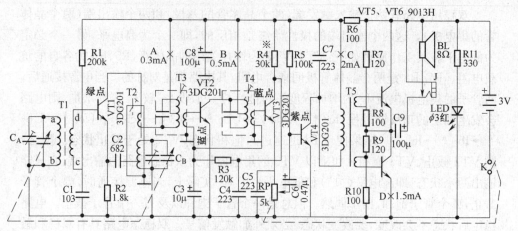

注:(1)调试时请注意连接集电极回路 A、B、C、D(测集电极电流用);

(2)中放增益低时,可改变 R4 的阻值,声音会提高

图 5-3   袖珍收音机实验套件电路原理图

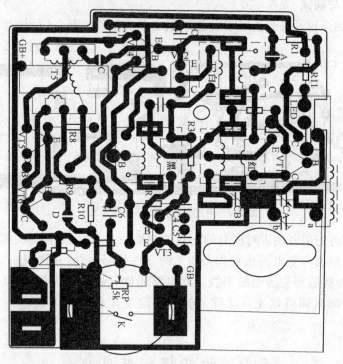

图 5-4   袖珍收音机实验套件印制电路板图

2. 电路分析

CA、CB 为双联,改变其电容量可选出所需电台。T1 为天线线圈,作用接收空中电磁波,并将信号送入 VT1 基极。R1、R2 为 VT1 偏置电阻。C1 为旁路电容。VT1 为变频管,一管两用即混频和振荡。T2 为本振线圈。C2 为本振信号耦合电

容。T3 为第一中周。VT2 为中放管。T4 为第二中周。VT3 为检波管,R4、Rp 及 R3 等给其提供微偏置。R4、R3、C4、C3 等为 AGC 电路,可自动控制中放输出增益。Rp 为音量电位器,改变中点位置可改变音量,Rp 与 K 同调,为带开关型电位器。C6 为耦合电容。R5 为偏置电阻。VT4 为低频放大管。T5 为输入变压器。C7 为高频吸收电容。R6、C8 为前级 RC 供电元件,给中放变频检波级供电。VT5、VT6 为功率放大管,R7、R8、R9、R10 为基极偏置。C9 为输出耦合电容。BL 为扬声器,常用阻抗为 8Ω。T 为音频输出插座。R11 LED 构成开机指示电路。GB 为 3V 供电电源。

电路基本工作过程:

由 T1 接收空中电磁波,经 CA 与 T 初级选出所需电台,经次级耦全送入 VT1b 极,VT1 与 T2 产生振荡,形成比外来信号高一个固定中频频率信号,经 C2 耦合送入 VT1 e 极,两信号在 VT1 中混频,在 C 极输出差数和频及多次谐波,送入 T3 选频,选出固定中频 465KHz 信号,送中放级 VT2。VT2 在 AGC 的控制下,输出稳定信号送 T4 再次选频后,送入检波级 VT3 检波,取出音频信号,经 RP 改变音量后,送 VT4 放大,使其有一定功率推动 V5、V6 两只功放管,再经 V5、V6 功放率放大后,使其有足够功率,推动扬声器发出声音。

5.2.2　元器件检测焊接与常用 17 种排除方法

1. 元器件检测焊接

(1)元器件检测

1)磁性天线测量。磁性天线由线圈和磁棒组成,线圈有一、二次两组,可用万用表 R×1Ω 挡测量电阻值,测得一次线圈阻值应为 6Ω 左右,二次线圈阻值应为 0.6Ω 左右。

2)振荡线圈及中频变压器的测量。中频变压器俗称"中周",它是中频放大级的耦合元件,普通使用的是单调谐封闭磁心型结构,它的一、二次绕组在一个磁心上,外面套着一个磁帽,最外层还有一个铁外壳,既作紧固又作屏蔽之用,靠调节磁帽和磁心的间隙来调节线圈的电感值。

红色为振荡线圈,黄色(白色、黑色)为中频变压器(内置谐振电容)。用万用表 R×1Ω 挡测量中频变压器和振荡线圈的阻值。零点几欧至几欧,若万用表指针指向∞,说明中频变压器内部开路。

3)输入变压器的测量。用万用表的 R×1Ω 挡测量其各个绕组的阻值在零点几欧至几欧。若万用表指针指向∞,说明输入变压器内部开路重复。

4)扬声器的测量。用万用表的 R×1Ω 挡测量,所测阻值比标称阻值略小为正常。同时,测量时,扬声器应发出"咔咔"声。

其他阻容元件、二极管和晶体管的测量用万用表按常规进行。

(2)元器件的安装与焊接

1)检查 PCB 有无毛刺、缺损,检查焊点是否氧化。

2)对照原理图(图5-3)及PCB板图,确定每个组件所在PCB上的位置。

3)安装顺序:电阻、瓷片电容、二极管、晶体管、电解电容、振荡经圈、中频变压器和输入输出变压器、可调电容(双联)和可调电位器、磁性天线、连线。

4)安装方式:电阻、电容和二极管等为立式安装,不宜过高。有极性的元器件注意不要装错,输入、输出变压器不能互换等。

5)焊接要求和方法见前述内容。

2. 电子电路故障检测的常用方法

电子电路在调试维修过程中,需要应用到一些检测方法,下面介绍常用的一些排除方法。

(1)观察法

1)看有无明显短缺的元器件,如有应将缺少元器件装好。

2)看有无明显损坏的元器件。如电容表皮起泡,二极管、晶体管炸裂等。将从外表看出是损坏的元器件换好后,然后再查其他损坏的部位。

(2)在路电阻挡测量法

在路电阻挡测量法是在待修设备不通电,也不断开线路的某部分时,用万用表电阻挡在线路中粗测某零件是否损坏。这种方法实用、简便、迅速,在不太了解线路的情况下,有时也能很快找出故障。

1)用R×1挡粗测二极管、晶体管的好坏:在线路中与二极管、晶体管相接的电阻、电容,一般阻值都比较大,而二极管、晶体管的正向电阻又很小,用R×1挡测表针也会启动1/3左右,如图5-5所示。同理可测出二极管、晶体管的好坏。

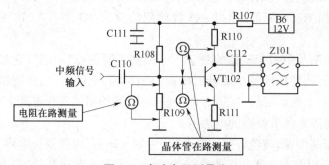

图5-5　在路电阻测量法

以测量晶体管为例:将万用表拨至R×1挡,黑表笔接VT的"b",红表笔分别接VT的"c"和"e",此时测的是VT的正向电阻,表针启动到表盘的1/3左右;将表笔对调,红表笔接"b",黑表笔分别接VT的"c"和"e",这时测的是VT的反向电阻,又由于VT外围接的电阻阻值都比较大(一般线路均如此),所以表针基本不动(在无穷大位置);再使两表笔正反测"c"和"e"的阻值,表针还是不动,那么就认为"VT"是好的。假如在上述测量中阻值有异常,如"c"、"e"之间正反向阻值都很小,说明VT可能击穿,这时再断开VT的某引脚进一步测量。用此方法测二极管也同样有效。注意:不用高挡位(如 R×100 挡)在路测二极管、晶体管,因为它们的外围有阻容件,高挡位会测出与其相连的电阻的阻值,所以测不准确。

2)测电阻:可以根据待测电阻的阻值来测量。例如,在路测一支 10kΩ 电阻,可以用 R×100 或 R×1k 挡正反向测,如果正反向两次测得的阻值都小于 10kΩ,那么这只电阻不一定坏。

3)测量各供电电路正反电阻:一般用 R×1Ω 挡测量正反两次,阻差较大为正常,否则可能为短路性故障。

(3)电压测量法

电压测量法是指用万用表电压挡测电路各相应点电压值,并且与正常值相比较,如超出故障范围,则说明该电路有故障,在正常范围内则无故障,如图 5-6 所示。电压测量法接入电压表时应注意,测量不同电路时表笔的极性。

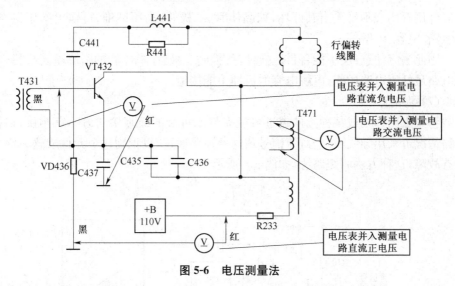

图 5-6　电压测量法

(4)电流测量法

电流测量法是将万用表调至电流挡,将电路某点断开,将万用表串入(即两表笔分别接两断点,直流中流时,红笔接供电端,黑笔接负载端),如电流超出正常值,则该电路有故障,在正常范围内则无故障,如图 5-7 所示。

(5)干扰法

干扰法主要用于检查电路的动态故障。所谓动态故障是指在电路中输入适当信号时才表现出来的故障。在实际操作时,常用改锥或表笔接触某部分电路的输入端,注入人体感应信号和火花性杂波,通过喇叭中的"喀喀"声和荧光屏上的杂波反应来判断电路工作是否正常。检查顺序一般是从后级逐步向前级检查,检查到哪级无"喀喀"声和杂波反应异常时,故障就在哪一级。

(6)元器件代换法

无论是初学者还是有丰富经验的维修人员,都要使用这种方法,因为有很多种

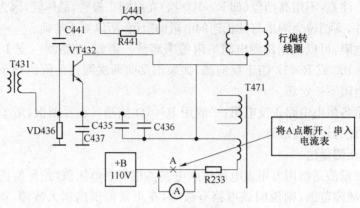

图 5-7　电流测量法

元器件用万用表不易测出其好坏,如晶体管、二极管、高压硅堆、行输出变压器、集成电路、电容、电解等。

用此法应注意:决不能盲目地换件,代换时二极管、晶体管的引脚不能接错;集成电路最好用电路插座;电解电容的极性不能接错。

(7)短路法

将某点用导线或某种元件越过可疑元件或可疑的级直接同另一点相接,根据电路情况可采用导线或电容,使信号从这条通路通过,以识别这个元件或这一级是否有故障,这种方法叫短路法,如图 5-8 所示。

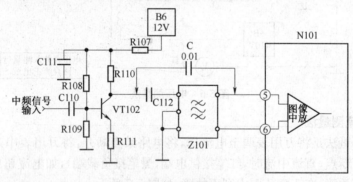

图 5-8　短路法

(8)断路法

把前、后两级断开或断开某一点来确定故障的部位称断路法。此方法常结合电压测量器及其他方法配合使用。

(9)并联法

将好的元件与电路中可怀疑的坏元件并联在一起,从而判断故障是否因此元件所引起的,叫并联法。主要用于判断失效、断路的元件,至于击穿、漏电故障不必用此法。优点是不用把死件从电路板上焊下,操作起来比较简便。

(10)串联法

在电路中串联一个元件使故障排除,叫串联法。

(11)对分法

对分法就是将线路分成两部分或几部分来判断故障发生在哪一级。

(12)比较法

在检修家用电器时,电路中的各种电量的参数,如电压、电阻和电流等,在机器正常与不正常时,数据往往不一样。因此,平时要多收集一些机器正常工作时的电量数据,以供检修时参考。

(13)波形法

用示波器观察高频、中频、低频、扫描、伴音等电路的有关波形。用示波器或扫频仪依照信号流过的顺序,从前级到后级逐级检查。如果信号波形在这一级正常,到下一个测试点就不正常了,则故障就在这两个测试点之间的电路中,然后再进一步检查这部分的元器件,如图 5-9 所示。某些电路原理图还画出了各测试点的工作波形,用示波器查对起来是很方便的。

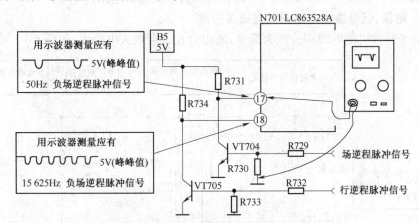

图 5-9　用示波器观察电路的有关波形

(14)温度法

此法分为降温和升温法。用手触摸某个元件温度,为进一步判断是否因为该元件质龄差而引起机器发生故障,就可以用温度法。

1)降温法。用棉花沾酒精,擦在怀疑温升过高的元件(如晶体管上),若故障消失,说明该元件需要更换或需要调整工作电流。

2)升温法。当发现软故障时,无法确切判断是否是过热元件导致,那么就用热烙铁靠近被怀疑元件,如果加温后,故障明显,则说明该元件有问题。

(15)寻迹法

这主要通过使用寻迹器查找故障的部位。寻迹器是一种专用设备,有模拟寻迹器和数字寻迹器(逻辑试验笔)两种。

(16)干燥法

机件受潮后,灵敏度会显著下降或产生其他故障,可以用干燥法来恢复其工作。

(17)洗涤法

有时电位器、波段开关、功能开关等因积聚了灰尘污物导致接触不良,用酒精清洗,故障就能排除。

电路板使用年限太长,也会产生很多油污,可能会出现无故障的故障,即元件没有损坏,但机子就是工作不正常。可以用刷子蘸酒精将电路板刷一下,这也是一种洗涤法。

对于上述修理方法,应该注意灵活掌握,综合运用。只要方法得当,即使再难的故障也能解决。

5.2.3　收音机各单元电路调试故障排除及统调

收音机单元电路调试及检修顺序为:a. 电源;b. 前置低放,推挽功率放大;c. 中频放大、检波、AGC;d. 输入回路、混频器、本机振荡电路。

1. 电源、低频放大电路调试与故障排除

由于收音机的电源部分较为简单,所以合在低频放大电路中,如图 5-10 所示。

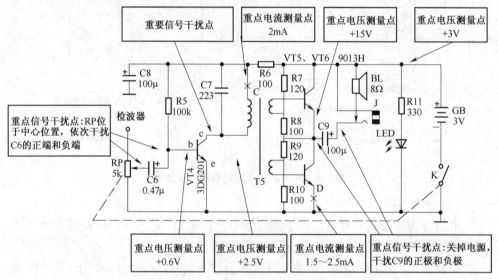

图 5-10　电源、低频放大电路

(1)重点电压测量点

电路板中 GB 的"+"点电压为+3V,此电压是电源电压,可用万用表检测电源是否正常。测量时若无+3V 电压,则故障有电池夹与电路板之间接线开路、电池夹虚焊、电池接触不良、电源开关 K 损坏等。

如果 GB 的"+"点电压低,可取下电池测量电池电压。若电池电压不足,更换

新电池。若电池电压正常,则电路板出现短路现象。

VT5 发射极或 VT6 集电极电压为 +1.5V,是推挽功率放大的中点电压。电压过高或过低的故障原因有:VT5 或 VT6 损坏、安装错误,偏置电阻 R7~R8 安装错误、损坏,D 点未连接。

VT4 集电极电压为 +2.5V,若无 2.5V,则故障为 VT5 安装错误、击穿损坏,输入变压器 T5 安反、一次侧断路,断点 C 未焊,R6 开路造成 C 点无电压、前级短路,使 C 点无电压等。

VT4 基极电压为 0.6V,若无 0.6V 或电压高,则故障为 VT4 损坏、安装错误、R5 开路等。

(2)电流测量点

D 点电流值应在 1.5~2.5mA,是推挽功率放大电路的静态工作电流。电流过小,声音会失真;电流过大,会增加电池消耗,故障原因为晶体管 VT5、VT6 的 B 值不符合要求,偏置电阻 R7~R10 安装错误。

C 点电流值应在 2mA 左右,电流过小或过大的原因是:晶体管 VT4 的 B 值不符合要求,R5 开路或阻值不符,输入变压器 T5 二次侧断路。

(3)重点信号干扰点

干扰 C9 的正极和负极两点,干扰的方法为:首先把电源关掉,将万用表拨至 R×1 挡,红表笔接电源 GB"+"端,黑表笔点击电容 C9 正极,扬声器应有"咯咯"声。扬声器无声时,故障为:接线开路,插座到 C9 正极之间未接线,插座损坏,扬声器损坏等。

如果干扰 C9 正极时扬声器反应正常,再用黑表笔点击电容 C9 的负极,若扬声器有反应,则 C9 正常;若无反应说明 C9 有故障,原因为开路或无容量。

干扰 T5 一次侧的两端,干扰方法为:打开电源开关,红表笔接触电源 C 点,黑表笔点击 VT4 的 C 极,扬声器应有明显的"咯咯"声;然后再用黑表笔接触电源 C 点,红表笔点击 VT4 的 C 极,扬声器应有明显的"咯咯"声,说明末级功率放大是正常的,若无反应说明功率放大有故障。

干扰 C6 的正极和负极两点,干扰的方法为:打开电源开关,将电位器 RP 旋钮旋至中心位置。红表笔接触电源 GB"-"端,黑表笔分别点击 C6 的正极和电位器的中心抽头,扬声器都应有较大的"咯咯"声,说明整个低频放大部分无故障,可以到前面的一个方框电路去检修。如果点击 C6 的正极有"咯咯"声而点击电位器中心抽头没有"咯咯"声,说明电容器 C6 损坏;若点击 C6 的正极和负极两点都无"咯咯"声,则可以判断前置低放级有故障。

检修时为了提高检修速度,打开电源后,可将电位器中心抽头旋在中心位置,先在电位器 RP 中心抽头处干扰,如果扬声器"咯咯"声正常,则可以向前级检查;若扬声器无反应,可以从扬声器开始从后向前检查。

在使用信号干扰法、电压测量法和电流测量法进行检测时,如发现与正常现象或标示的电压、电流值相差较大,可以关掉电源,采用在路元件电阻测量方法和其他一些方法对元器件进行测量和更换,以找出故障元件。

2. 中频放大、检波、AGC 控制电路调试与故障排除

中频放大、检波、AGC 控制电路的重点电压和干扰点如图 5-11 所示。

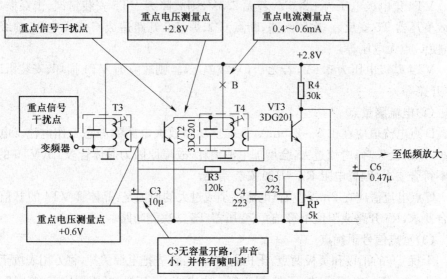

图 5-11　中频放大、检波、AGC 控制电路的重点电压和干扰点

(1)重点电压测量点

VT2 集电极电压为 +2.8V,无电压或电压很低时,故障原因为:R4 开路无电源电压;T4 中周开路;VT2 击穿损坏或安装错误;B 点未连接。

VT2 基极电压为 0.6V,无电压时,故障原因为:R4、R3 开路。

(2)重点电流测量点

B 点电流值在 0.4~0.6mA,是中频放大电路的静态工作电流。电流值小于规定范围,会造成放大器增益降低,接收电台信号少,声音小。故障原因为:VT2 的 B 值偏小,可更换 B 值高的晶体管或更换 R4 为 24kΩ 的电阻。

(3)重点信号干扰点

干扰 VT2 集电极,干扰方法为:打开电源开关,将电位器旋钮旋到音量最大处,万用表量程调至 R×1 挡,红表笔接触电源 GB"+"端,黑表笔点击 VT2 的集电极,扬声器应有较大的"咯咯"声。若扬声器无声,故障原因为:VT3 安装错误或损坏,R3、R4 开路,中频变压器 T4 内部短路(可采用替换法进行试验)。

干扰 VT1 的集电极(如图 5-12)干扰方法为:红表笔接触电源 GB"一"端,黑表笔点击 VT1 的集电极,扬声器应有较大的"咯咯"声。若扬声器无声,故障原因为:VT2 安装错误或损坏,R3、R4 开路,中频变压器 T3 内部短路(可采用替换法进行试验)。

电容器 C3 无容量或开路,会造成声音小,并伴有啸叫声。

同样,如果在测量电压、电流和进行干扰时有异常的现象,可采用在路元件电阻测量法来检测元件,或更换损坏的元件。

3. 变频电路调试与故障排除

变频电路的重点电压和干扰点如图 5-12 所示。

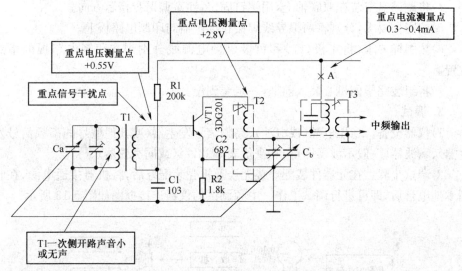

图 5-12　变频电路重点电压和干扰点

(1)重点电压测量点

VT1 集电极电压为 2.8V,若无电压,故障为:T2 或 T3 开路,A 点未连接,R6 开路。

VT1 基极电压为 0.55V,若无电压,故障为:R1 开路,T1 二次侧开路。

(2)重点电流测量点

A 点电流值在 0.3～0.4mA。电流值偏小或偏大与 VT1 的 B 值和 R2 的阻值不正常有关。

(3)重点信号干扰点

干扰 VT1 的基极,干扰方法为:用万用表红表笔接触 GB"＋"端,黑表笔点击 VT1 的基极,扬声器应有较大的"咯咯"声。若扬声器无声,则故障为:VT1 安装错误或损坏,R1 或 R2 开路,T1 二次侧线圈开路。

干扰 VT1 的基极,扬声器的"咯咯"声正常,若旋转双连可变电容器接收不到电台信号,则故障原因为:本机振荡器停振,无本机振荡信号;可能的原因有:C1 或 C2 开路,双连可变电容器损坏,振荡线圈 T2 内部短路或开路。

若磁性天线 T1 一次线圈开路,会产生声音小的故障。

4. 整机安装

1)将负极弹簧及正极片安装在塑壳上,焊好连接点及黑色、红色引线。

2)将频率板反面的双面胶保护纸去掉,然后贴于前框,注意要贴装到位,并撕去频率板正面保护膜。

3)将扬声器 YD57 安装于前框,用一字小螺钉旋具靠在带钩固定脚左侧,利用突出的扬声器定位圆弧的内侧为支点,将其导入带钩压脚固定,再用电烙铁热铆 3 个固定脚。

4)将调谐盘安装在双联轴上,用螺钉固定,注意调谐盘指示方向。

5)按图样要求,分别将两根导线焊接在扬声器与印制电路板上。

6)按图样要求,将正极(红)和负极(黑)电源线分别焊在印制电路板的指定位置。

7)将组装完毕的机心装入前框,一定要到位。

5. 调试

1)仪器设备。稳压电源(或电池)、高频信号发生器(或其他型号的高频信号发生器)、示波器(一般示波器即可)和毫伏表 SG2171(或同类仪器)。

2)调试步骤。在元器件装配焊接无误及机壳装配好后,将机器接通电源,在收到本地电台后,即可进行调试工作。中频调试的仪器连接框图如图 5-13 所示。

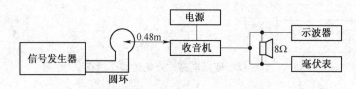

图 5-13　中频调试的仪器连接框图

首先将双联旋到最低频率点,信号发生器置于 465kHz 频率处,输出场强为 10mV/m,调制频率为 1000Hz,调制度为 30%。收到信号后,示波器输出波形的频率为 1000Hz,用无感应螺钉旋具依次调节黑色、白色和黄色 3 个中频变压器,且反复调节,使其输出最大,465kHz 中频即调整好。

3)覆盖及统调试。覆盖调试步骤为:将高频信号发生器置于 520kHz,输出场强为 5mV/m,调制频率为 1000Hz,调制度为 30%,双联调至低端,用无感应螺钉旋具调节红色中频变压器,收到信号后,再将双联旋转到最高端,高频信号发生器置 1620kHz,调节双联振荡微调 CA-2,收到信号后,再重复双联旋到低端,调红色中频变压器,高低端反复调整,直到低端频率为 520kHz,高端频充为 1620kHz 为止;统调调试步骤为:将 XFG-7 置于 600kHz 频率,输出场强为 5mV/m 左右,调节收音机调谐旋钮,收到 600kHz 信号,调节中波磁棒线圈位置,使输出为最大,然后将高频信号发生器旋至 1500kHz,调节收音机,直至收到 1500kHz 信号后,调双联微调电容使输出为最高,重复调节 600kHz 和 1500kHz 统调点,直到两点均为最大为止。

4)在中频、覆盖、统调结束后,机器即可收到高、中、低频电台,且频率与刻度基本相符。

  无信号发生器和各种仪表的调整方法为：在所能接收到的电台中，找到频率最低的一个电台信号和频率最高的一个电台信号，仔细反复地调整双连可变电容器后面的两个微调电容器、振荡线圈的磁心、天线线圈在磁棒中的位置，同时使两个电台都能得到最好的接收效果，就基本上实现了统调。

第 6 章　黑白电视机组装实训

黑白电视机要比收音机复杂得多,但与彩色电视机电路相比,还是简单一些,而且价格较低,非常适合初学者动手实习操作。市场上应用实习的套件多为 uPC 三片集成电路黑白电视机成套散件或主板。组装一台电视机,既能了解电视机接收原理和工作过程,又能掌握许多电视机的检查测量方法和维修方法。

6.1　整机电路分析

uPC 三片集成电路黑白电视机整机工作过程参见附图 B-1。

6.1.1　公共通道电路

公共通道电路由 uPC1366 及外围元件构成。

1. uPC1366 的功能及外围电路

uPC1366 内部包括四级宽带放大、视频同步检波、预视放、自动噪声抑制、AGC 检波、中放 AGC 控制、高放延迟 AGC 等电路。

uPC1366 的中放为四级宽带中放,有较高的增益。其 AGC 电路既适用于峰值型控制,又适用于键控制型控制,还适用于手动式控制。另外,其电源电压适用范围宽,供电电压超过了 7V 就能正常工作,其外围电路元件也少。

中放通道特点是:在声表现前端未设前置放大电路,在其他牌号的电视机中,为了补偿声表面插入的损耗,在声表面前端一般设有一级前置放大。

2. 各引脚的作用

①、⑭脚:限幅放大器外接调谐电路,调谐频率为 38MHz。②脚:AGC 类型选择,采用峰值型 AGC 时,②脚接电;采用键控制 AGC 时,②脚通过电阻引入负极性行逆程脉冲。③脚:视频全电视信号输出端。④脚:外接 AGC 检波负载。⑤脚:外接高放延迟 AGC 延迟量调整电位器。⑥脚:高放延迟 AGC 控制电压输出端。⑦脚:电源供电(11V)正端。⑧、⑨脚:图像中放信号输入端。⑩、⑪脚:中放外接负反馈旁路电容。⑫脚:电源另一供电(7V)正端。⑬脚:接地端。

3. 电路工作原理及各元件的作用

(1)电路工作原理

此电路采用新的图像中频频率。因此,高频头混频后输出的 38MHz 的图像中频信号和 31.5MHz 的伴音中频信号这两个中频信号经声表面滤波器滤波后,由中周变压器 L2 二次侧送到中放 uPC1366 的⑧、⑨脚。

uPC1366 图像中频放大器由四级直接耦合的宽带差分电路组成。它具有较高的增益,既可使中放电路省掉中放前置级,又能满足视频检波器输出电压的要求(整机要求视频检波输出电压为 1～1.4Vpp)。每级中放采用双端输入,双端输出差分放大器。每级中放的输入端均接有射随器作缓冲级,以减弱中放 AGC 对差分放大器输入阻抗的影响,提高中放电路工作的稳定性。第四级中放输出端的直流电压通过反馈网络反馈给第一级中放,构成深度负反馈以稳定中放级直流工作点。

放大后的中频信号,在集成块内部直接送到限幅放大和视频检波电路。视频检波器采用典型的模拟乘法器(或称同步检波器)。该电路是将中频信号放大、限幅中频载波方波作为模拟乘法器的第一输入信号;中频信号本身作为模拟乘法器的第二输入信号(即被检波信号)。这种检波器线性好,效率高。检波后的视频全电视信号再由内部的低通滤波器滤掉中频频率及其高次谐振。

滤波后的视频全电视信号在集成块内部送给预视放电路。uPC1366 预视放电路是由一只双发射极晶体管构成的射极输出电路,其一个发射极将视频全电视信号经③脚输出;另一个发射极将视频全电视信号在内部送给消噪声电路。uPC1366③脚具有信号分配的作用,它将视频全电视信号分别送给末视放、伴音及同步分离电路。

uPC1366 自动噪声抑制电路,采用截止型抗干扰电路。在视频全电视信号中无干扰时,门管导通;有干扰时,门管截止。从而可防止干扰信号进入 AGC 检波电路及同步分离电路,保证 AGC 及同步分离电路能正确地输出信号。

uPC1366 的 AGC 电路的特点是:既可用于峰值型 AGC,也可用于键控型 AGC。其主要区别是通过 uPC1366②脚外接元件而定。当②脚接地时,则 AGC 电路为峰值型的;当②脚外接行输出变压器输出行逆程脉冲时,AGC 电路为键控型的。中放 AGC 采用逐级延迟控制方式。首先使第四级中放输出信号幅度最大,容易最先进入非线性状态。因此,首先控制后级增益,让第一级保持较高的增益,有利于减小整个中放系统的噪声系数,提高信噪比。在第一级中放受控后,增益还很高,再去控制高放级增益,还有利于提高整个通道的信噪比。调节⑤脚外接电位器,可控制和延迟 AGC 的延迟量。

(2)各元件的作用

2VT1 等构成预中放电路。2LB1 声表面滤波器:输出端接⑧、⑨脚交流旁路电容。2C9 接在⑩脚和 11 脚之间,⑩脚和⑪脚为第四级主中放输出端经隔离电阻负反馈到第一级中放的两个端子。2C9 将反馈的交流电压短路,使负反馈只起到稳定直流工作点的作用,而且是影响中放增益。2R 图像中放供电,即⑫、⑦脚供电。2Z1 限幅放大器外接调谐回路。谐振图像在中频频率(38MHz),使限幅放大电路输出纯净的中频载波方波,供同步检波器使用,提高检波器的性能。2R10 预视放级外接射极负载电路。4R3 隔离电阻,它将 uPC1366③脚输出的视频全电视信号送到末视放管 4VT1 的基极。4Z2(6.5MHz 滤波器)将送给末视放全电视信号中的第二伴音中频信号滤掉,防止伴音干扰图像。2C15 耦合电容。3LB1 陶瓷滤波器,从视频检波信号中取出第二伴音中频信号(6.5MHz)送给伴音集成块uPC1366的⑫、⑬脚。2C10、2R7、2C17:AGC检波电路的外接负载电阻及电容。2R9、2R8:高放延迟AGC处接延迟量调节电位器。2R2、2R6:组成分压电路,供给延迟高放AGC偏压。2C2:高放AGC控制电压滤波电路。

6.1.2　伴音通道

伴音通道uPC1353及外围元件构成。

1. uPC1353的功能及外围电路

uPC1353采用双排14脚塑封,内部主要包括:伴音中放及限幅、差动峰值鉴频、直流音量控制、音频电压放大及音频功率放大等电路。

2. 各脚的作用

①、②脚:鉴频器外接陶瓷滤波器。③脚:外接去加重电容。④脚:鉴频器输出端。⑤脚:电源供电正端。⑥脚:音频电压放大电路外接直流偏置的去耦电容。⑦脚:音频电压放大器输入端。⑧脚:音频功率放大器输出。⑨脚:外接自举升压电容。⑩脚:音频功率放大器电源供电正端。⑪脚:音频电压放大器外接交流旁路电容。⑫、⑬脚:第二伴音中放输入端。⑭脚:外接直流音量控制电位器。

3. 电路工作过程及各元件的作用

(1)电路工作过程

从uPC1366③脚输出的中频信号中,除有0~6MHz的视频全电视信号外,还有由于视频检波器的内载波作用差拍出的第二伴音中频信号(6.5MHz),上述信号一起经耦合电容C15(100PF)加以LT(6.5MHz)陶瓷滤波器上。

陶瓷滤波器是一种可以直接取代LC调谐电路的新型器件,它不用调谐,电路简单可靠,便于大量生产。它的外形与瓷介电容器相似,电器性能又与石英晶体相似。它是由具有电压性能的陶瓷—锆(钛)酸铅材料制成的特定尺寸的薄片。当在薄片两端加有同几何尺寸相对应的某频率电压量时,它便会产生同频率的机械振动。该滤波器对这一频率的电压呈低阻抗(相当于LC串联谐振),使其顺利地通过该滤波器,而对其他频率电压则呈高阻抗,阻止其通过。因此,当视频全电视信号与6.5MHz的第二伴音中频信号同时加到6.5MHz的陶瓷滤波器上时,陶瓷滤波器能顺利地取出6.5MHz的第二伴音中频信号,该信号通过uPC1353的⑫、⑬脚加到伴音中放及限幅电路上。uPC1353伴音中放是由三级差分放大器组成,每级间接有射随器作为缓冲隔离级。⑬脚外通过外接电容交流接地,从而三级中放形成单端输入单端输出的差争放大器。

uPC1353内部在伴音中放与鉴频器之间设有有源低通滤波器和静噪电路。有源低通滤波器的作用是消除6.5MHz伴音中频信号中的谐波分量,减小谐波辐射的干扰。静噪电路的作用是当伴音中频信号较小时,能自动切断伴音中频信号送往鉴频器的通道,以降低噪声。

经三级中放后的 6.5MHz 伴音中频信号在 uPC1353 内部通过有源低通滤波器及静噪电路后送往鉴频器。uPC1353 内部鉴频电路为差分峰值鉴频电路。其①、②脚外接陶瓷滤波器,从而简化了电路,不需调整,给使用和维修带来了方便。

鉴频器输出的声音信号在集成块内部直接送给直流音量控制电路。直流音量控制的优点是不受从电路到音量电位器间引线的干扰和噪声的影响,因为它是通过控制放大器的直流电压来控制增益的。这种音量控制电路目前正在取代传统的信号控制电路。

音量控制主要靠接在 uPC1353⑭脚外部的电位器 3W1(22kΩ)来完成。3W1下端接地,上端通过 R12(47kΩ)接在 8.2V 电源上。当 3W1 调到上端时,加到⑭脚上的电压增高,电路增益提高,④脚输出的音频电压增大;当 3W1 调到下端时,⑭脚的电压降低,电路增益下降,④脚输出的音频电压减小。

uPC1353④脚输出的音频信号是经过去加重的,接在 uPC1353③脚外部的电容 3C4 即为去加重电容。该音频信号在外部通过耦合电容 3C7 送到⑦脚进行音频功率放大。

uPC1353 功放电路为复合管互补对称 OTL 输出电路。音频激励级也由复合管构成。为消除可能产生的自激,电路内部接有电容高频负反馈和极间电压负反馈电路。为提高输出的激励级的动态范围,采用了自举升压电路,接在⑨脚外部的电容器 3C10 即为自举升压电容。为改善音频放大器的高频响应,在⑪脚外部接有音频前置放大器射极高频旁路电容。

功放从⑧脚输出的音频信号,经耦合电容 3C21 去推动扬声器还原出声音。

(2)各元件的作用

2C15:耦合电容。3LB1(6.5MHz):陶瓷滤波器,以 uPC1366③脚的输出信号中取出第二伴音中频信号。3LB2:滤波器,与 3C14 构成鉴频外接调谐回路。3C7:耦合电容,将④脚输出的音频信号送入⑦脚内部的低放电路。3C9:旁路电容。3C6、3C8、8R2、3R1、3C2:集成块供电电源滤波电路。3C4:去加重电容。3C10:自举升压电容。3C11:耦合电容。3C13、3R1:组成高频旁路网络衰减扬声器中的高频分量以提高低频响应。Y2:扬声器。Y1:耳机插孔。3C5、3R5、3R6:音频前置放大外接射极电流负反馈电路,其中 3C5 有改善音频放大器高频响应作用。对于音频信号高端来说,3C5 容抗小,电流负反馈减弱,增益高;对于音频信号低端来说,3C5 容抗大,负反馈增强,增益低。3R1:伴音中放外接偏置电阻。3C1:高频旁路电容。3W1:直流音量控制外接电路,其中 W2 为音量控制电位器。

6.1.3　视放及显像管电路

1. 放大电路

由 4VT1 及偏置元件组成,由预视放(μPC1366 的③脚)送来的电压增益小于1,而预视放送给输出级的视频信号约为 IV,又因为显像管所需要的激励电压为

50～80V，所以视频输出级电压增益需 50～80 倍。而且还要有一定带宽，即将信号电压进行足够地放大。

2. 对比度调节电路

在电视机中均采用改变视放级交流负反馈深度的方法来调节对比度，由于 4C3、4C2、4R4、4R5 与对比度电位器 4W1 构成，对交流而言，改变 4W1 阻值可改变视放交流反馈深度，从而改变增益，达到对比度调整的目的。

3. 消隐电路

利用行场逆程脉冲高电压，使视放管 UE 电压上升，使阴压瞬间电压上升，光栅变暗，消除回路线。电路中由 7R8、6R4、7VD1 等元件构成。

4. 亮度控制电路

亮度控制过程：亮度控制是改变显管的栅阴电压，栅阴极可等效为一只发光二极管，栅为正极，阴为负极。当栅极接地时，阴极电压越高越暗，此种方式为调阴式。当将亮度电位器接在栅极时，则电压越高，亮度越亮；图中 4W2 下调时，电压下降，光栅变亮，反之相反。

5. 消亮点电路

主要由 4VD2、4C5、4R12 等件构成。

6.1.4　行扫描电路

行扫描电路主要由 AFC 电路、行振荡器、行激励级、行输出级、高压电路等组成。

1. AFC 电路

来自同步分离管的复合同步信号（其中有效信号是行同步信号）经 6R1、6C1 和 6VD1、6VD2、6R2、6C3 等元件构成的鉴相器电路中。

由 6C5 送来的行逆程脉冲加到 6C3 积分电路中，形成锯齿波电压，也加到鉴相器电路中。鉴相器电路输出的控制电压经 6R7、6C5、6C6 构成低通滤波器，通过 6R8 加到行振荡管 6VT4 的基极，以控制行振荡器的振荡频率。

2. 行振荡器电路

行振荡管 6VT4 的基极采用分压式偏置电路，即由 6R9、6VT4 正向电阻以及 6R10、6L1 构成。6L1 是行振荡线圈，调节 6L1 磁心可以改变行振荡频率。行振荡输出电压通过 6R12 降压后输出，这样可以减轻行振荡器的负载，稳定振荡器的工作。

3. 行激励级电路

6VT5 为行激励管，6T1 为推动变压器。6C11 构成阻尼电路，用来防止在 6VT5 截止时，6T1 一次侧高频振荡。在 6VT5 截止时，6T1 一次线圈有磁能，会与分布电容构成谐振回路，产生高频振荡，这种振荡会对通道部分电路造成有害的干扰，并可防止 6T1 一次反峰电压击穿 6VT5。

4. 行输出电路

6VT6 为行输出管，6C13、6C18 为逆程电容，改变其容量可改变峰值电压，同时改变幅度。6L5 为行线性线圈,HY 为偏转。6R4 行消隐输出,6T2 为行输出变压器,6VD8、6C15、6C14 为自举升压电路,6VD3、6C7 为中压输出电路。

6.1.5　同步分离与场扫描电路

同步分离电路由分立元件构成,场扫描电路由 uPC1031 及外围电路构成。

1. 同步分离电路与 uPC1031 的功能及外围电路

uPC1031 场扫描集成电路采用单排塑封 10 脚,内部主要包括:场同步与振荡、锯齿波形成、线性校正、场激励、场输出等电路。

2. 各脚的作用

①脚:场扫描输出端。②脚:电源供电正端。③脚:外接自举升电压电容。④脚:外接锯齿电压形成网络。⑤脚:场同步信号输入端。⑥脚:场振荡器外接充放电电路。⑦脚:外接耦合电容。⑧脚:接地端。⑨脚:负反馈输入端。⑩脚:场消隐钳位端,接电源正端。

3. 外围电路及各元件的作用

(1)电路工作过程

同步分离管 5VT1 集电极分离出的复合同步信号,经 SC2、5C1、5R5、5R2 组成的两节积分电路积分后,分离出场同步信号,它经耦合电容 7C6 送给⑤脚去控制场振荡器的频率。场振荡器输出的脉冲电压送给锯齿波形成电路,产生锯齿波电路,去激励场输出级。振荡器的频率主要取决于接在⑥脚外部的充放电元件。锯齿波是由接在④脚外部的元件形成的。在④脚形成的场频锯齿形电压经耦合电容送到⑦脚内部场激励级。场激励将锯齿形电压放大和整形后从内部送给场输出级。uPC1031 场输出电路是典型的 OTL 电路,一对 NPN 复合管和一对 PNP 复合管组成互补对称推换 OTL 电路,为提高场输出级的动态范围,在集成块③脚外部接有自举升压电容,以提高输出管的供是电压。在场输出电路中还滴有直接负反馈电路,以稳定静态工作点。经 OTL 场输出电路放大后产生的锯齿波电流,从①脚输出,经过耦合电容器 7C9(2200uF)送给场偏转线圈,去控制显像管的电子束沿垂直方向扫描。为改善流过声符记功志线圈的锯齿波电流的线性,从与场偏转线圈串联的取样电阻 7R2 上取得一小部分锯齿波电压,通过电容器 7C2 送入⑨脚,构成交流电流负反馈。当调节 7R3 的阻值时可改变反馈到⑨脚的波形,从而可改变场锯齿波电流的线性,故 7R3 为场线性调节电位器。

(2)各元件的作用

5R6:隔离电阻。uPC1366③脚输出的视频全电视信号经它送给同步分离管 5VT1,以隔离视频输出端与同步分离输入端的相互影响。5C3:钳位电容。5C4、5C5:抗干扰电路,抑制视频全电视信号中的干扰信号,防止进入出境步分离级影响同步分离的稳定工作。5VT1:同步分离管。5R4、5R3:同步分离管基极上、下偏置电阻。5R7:同步分离管集电极负载电阻。5C5:高频负反馈电容。5C1、5C2、5R2、5R1:两节积分电路,它可从复合同步信号中取出场同步信号。该同步信号送入集成块⑤脚,去控制场振荡器频率。7C6:耦合电容。7C9:耦合电容(又称充放电电容兼有 S 校正作用)。将 uPC1031①脚输出的锯齿波电流送入场偏转线圈。7L1:场偏转线圈。7C7:消除场偏转线圈逆程期间形成的自激振荡。7C10、7VD1、7R8:场消隐电路,它将场逆程脉冲作为消隐脉冲送入末视放射极,过错成场逆程消隐。7W2、7C3、7R8:锯齿波形电路。7W2 为场幅度调整电位器。7C4:耦合电容,它将④脚输出的锯齿波电压耦合到⑦脚。7C8:自举升压电容。7C5、7W1、7R1:场振荡器定时电路。其中 7C5 为场振荡触发电路中充放电电容,7W1 为场频电位器,改变其阻值可改变放电时间,从而可改变振荡频率。7C7:高频旁路电容。7C2:耦合电容。它将取自场偏转线圈的取样信号反馈给⑨脚。7W3、7C1:为场线性调整电路,改变 7W3,阻值可改变反馈给⑨脚锯齿波电压波形,从而达到调整线性的目的。7R2:取样电阻,从流过场偏转线圈锯齿波电流中取出一小部分锯齿波电压反馈给⑨脚,形成交流电流负反馈,以改善场线性。

6.1.6　稳压电路

黑白电视机中,电源的稳压电路一般都采用串联式晶体管稳压电路。

图中 8T1、8VD1、8VD2、8C3 构成降压整流滤波电路。8VT3 是调整管,8VT4 是激励管,8VT5 是比较放大管,8VD6 是稳压二极管,8R1 限流电阻,8W1、8R6 组成电压取样电路,2C8 是滤波电容。

当输出电压增加时,电路有如下变化过程:

$U_o\uparrow\rightarrow u_{b8VT5}\uparrow\rightarrow I_b\uparrow\rightarrow U_c\downarrow\rightarrow U_{b8VT4}\downarrow\rightarrow I_{c1}\downarrow\rightarrow U_E\downarrow\rightarrow U_{8T3}\downarrow\rightarrow U_{ce}\uparrow\rightarrow U_o\downarrow$

当输出电压减小时,电路变化过程与上相反。

经上述分析可以看出,由于 VT_2 将输出电压的变化进行了放大,所以提高了稳压电路的稳压性能。

直流输出电压的调整:串联式稳压电路的优点之一是输出电压可以调整。改变电阻器或电位器 8W1 滑动的位置,可以改变输出电压的大小。

6.2　元器件检测安装与焊接

元器件检测安装与焊接有两种方法:

1)先用万用表对所有的元器件测量一遍,如果无损坏元件,则可以进行安装。根据印制电路板上的元件代号和电路原理图查出规格,再将相同规格的元件插入焊接孔中,焊接后剪去多余的引线。

2)根据印制电路板上元件代号和电路原理图上的规格,找出相同规格的元件,用万用表测量符合要求后,插入焊接孔中,焊接后剪去多余的引线。

6.3　电视机各单元电路调试及故障排除

电视机组装调试的步骤是光—图—声。按此步骤安装电路，则顺序应为电源电路—行扫描电路—视放显像管电路—场扫描电路—同步分离电路—公共通道电路—伴音电路。

6.3.1　电源稳压电路

电视机各部分电路工作所需要的电能是由电源稳压电路提供的，所以在电视机及各种电器设备中，电源稳压电路都占有关键的地位。电源稳压电路的特点是工作电流大和功率消耗大、温度高，所以是经常容易发生故障的电路。电源稳压电路的关键电压测量点、在路电阻检测点、元器件损坏引起的故障如图 6-1 所示。

1. 关键电压测量点

1）电源稳压电路直流输出电压+12V，通过测量此电压，可以检查整个电源稳压电路的好坏。当测量值为+12V 时，电路工作正常；如果测得的电压与正常值+12V 相差较多，说明电源稳压电路或负载电路出现故障。

2）整流、滤波电路直流输出电压为+17V。通过测量可以检查整流、滤波电路是否存在故障。

3）电源变压器二次交流输出电压为 17V。通过测量可以检查电源变压器、供电电路是否存在故障。

2. 关键在路电阻检测点

1）8BX1、0.5A 交流保险丝。

2）8BX2、2A 直流保险丝。当因电源稳压电路或负载电路元器件损坏引起过电流、短路故障时，能进行断路保护。

3. 常见故障及排除方法

(1) 无光栅、无图像、无伴音（"三无"）

"三无"是电视机中的常见故障，故障原因多发生在电源稳压电路和行扫描电路中。检修时，首先应检测两个保险丝、三个关键电压测量点。根据测量结果可以缩小故障范围，有时为了区别故障是由电源稳压电路引起的，还是由于负载电流增大、短路而引起的，可以把负载电路与电源稳压输出电路之间断开。断开后，如果电源稳压电路直流输出电压+12V 正常，则故障应在负载电路部分；若断开后故障没有变化，则故障应在电源稳压电路。按照检测结果，可分为如下的检修程序。

1）稳压电路直流输出电压为 0V，整流滤波电路直流输出电压为 0V，直流保险丝 8BX2 未熔断，应检查电源引线、开关、变压器、整流滤波电路元件。

2）稳压电路直流输出电压为 0V，整流滤波电路直流输出电压正常为 17V，直流保险丝未熔断。

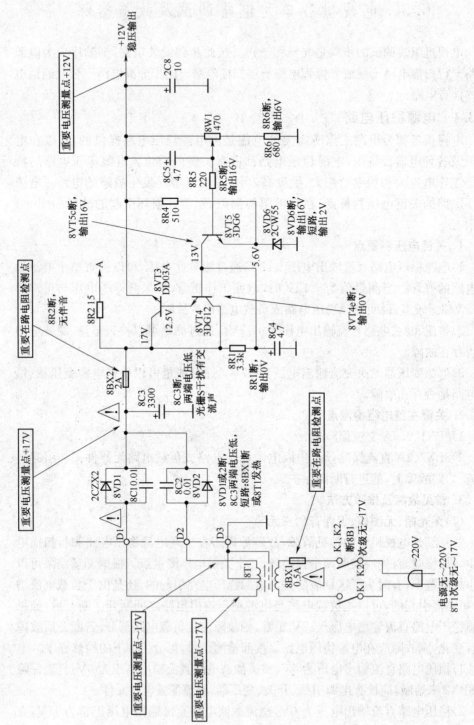

图6-1　电源稳压电路故障示意图

故障原因：A 误差电压放大管 8VT4 断路损坏。B 偏置电阻 8R1 断路。C 电压调整管 8VT3 断路损坏。

3)稳压电路直流输出电压较低,在 2～8V。检修时可将负载电路断开,若断开后输出电压为正常的+12V,故障应在负载电路(检修负载电路);若断开后输出电压仍然在 2～8V,检修程序如图 6-2 所示。

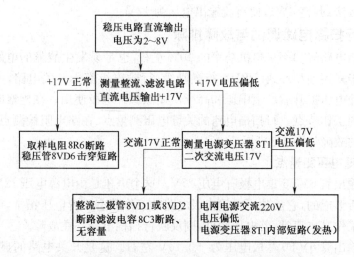

图 6-2　稳压电路输出电压为 2～8V 时的检修程序

(2)光栅变大,亮度提高,测量稳压电路直流输出电压为 16V 左右

故障原因:稳压电路失去控制,使输出电压等于输入电压。

1)取样电路可调电阻 8W1 断路损坏。

2)电阻 8R5 断路。

3)稳压二极管 8VD6 断路。

4)误差电压比较管 8VT5 断路损坏。

5)电压调整管 8VT3 击穿短路。

由于输出电压较高,为了使负载电路安全,检修时可将负载电路断开。

(3)光栅两侧出现 S 干扰,伴音同时有交流声

故障原因:

1)滤波电容 8C3 断路,无容量或容量变小。

2)整流二极管 8VD1 或 8VD2 有一只断路。

(4)检查 2A 直流保险丝 8BX2 熔断,换上同规格新保险丝后开机又熔断(连续烧 2A 保险丝)

故障原因:电源稳压电路所接负载电路出现过电流和短路故障。在维修时可断开负载电路,对电源稳压电路各部分负载电路分别进行检修。

(5)检查 0.5A 交流保险丝熔断,换上同规格新保险丝后开机又熔断(连续烧 0.5A 保险丝)

故障原因:

1)滤波电容 8C3 短路。

2)8VD1 或 8VD2 击穿短路。

3)电源变压器绕组短路。

(6)稳压电路直流输出电压略高于或略低于 12V

排除方法:调整 8W1,使直流输出电压为 12V。

6.3.2　行扫描电路调试与故障排除

行扫描电路的功率是整机功率的 40% 左右,也是易发生故障的电路。行扫描电路的同步采用锁相环式(PLL),行激励级、行输出级都为开关电路,并利用较高的逆程脉冲电压提升后产生中压和高压供显像管各电极使用。在检修时要掌握行扫描电路的工作特点。行扫描电路的关键电压测量点、在路电阻检测点、元器件损坏所引起的故障如图 6-3 所示。

1. 关键电压测量点

1)行输出管 6VT6 集电极有电压 27V。这个电压是由电源电压 12V 加上自举提升电压所形成的,它反映了行输出级电路的工作状态。若电压正常,可以说明行扫描电路工作基本正常;若电压较低,则反映行扫描电路存在故障。

2)行输出管 6VT6 基极电压为 -0.15V 左右。这是开关电路的显著特点,为了使开关晶体管在关断时可靠地截止,加入一个负脉冲,所以在测量时为一个较小的负电压。通过这个电压的检测,可检查行激励级是否有开关脉冲信号输出,从而判断行激励级、振荡器是否存在故障。

3)行扫描电路电源供电电压为 +12V。若不正常,可检查电源电压是否正常。

4)行激励管 6VT5 基极电压为 -0.1V。若不正常,可检查行振荡级是否有开关脉冲信号输出。

5)行振荡管 6VT4 基极电压为 -0.06V 左右。此电压应低于发射极电压 0.3V 左右,若基极电压高于发射极电压,则行振荡可能停振。

2. 关键在电路电阻检测点

行输出管 6VT6 集电极对地电阻。检测方法:用万用表电阻 R×1 挡,红表笔接地,黑表笔接集电极有时表针不动(阻值大);黑表笔接地,红表笔接集电极时阻值在 15~20Ω 为正常。若两次测量阻值都为零或接近零,表示有元器件击穿短路。

3. 常见故障及排除方法

(1)无光栅、无图像、有伴音

1)有伴音说明电源稳压电路、公共通道、伴音通道基本正常,无光栅、无图像故障可能发生的故障范围应是行扫描电路、视频放大和显像管电路。在检修时应重点测量:

①行输出管 6VT6 集电极电压,为 +27V。

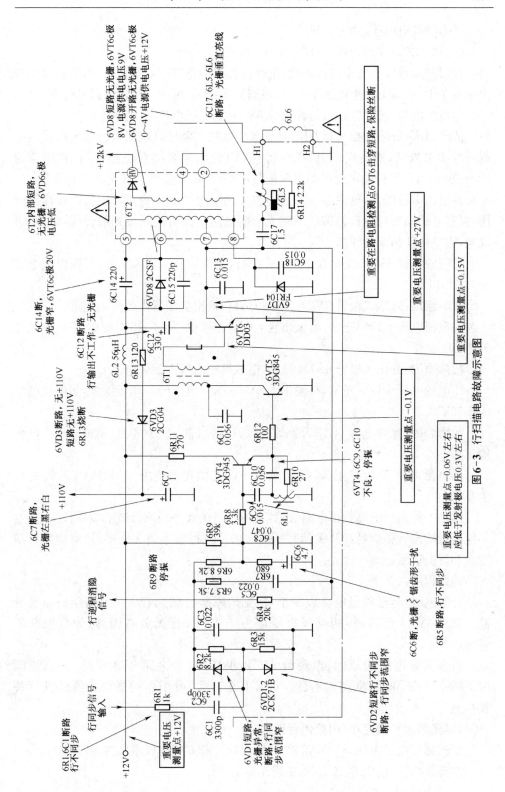

图 6-3　行扫描电路故障示意图

②电源供电电压,为+12V。

③行输出管 6VT6 基极电压,为-0.15V。

2)检测后若以上三个电压正常,说明行扫描电路工作基本正常,故障在显像管供电电路中;若以上三个电压不正常,根据检测结果,可按下列检修程序检查。

①电源电压+12V 微降,行输出管 6VT6 集电极电压在 20~23V。

故障原因:行输出变压器 6T2 内部绕组短路。也可以用测量行输出级供电电流的方法来判断,测量时断开 6L2,将 5A 电流表串联接在电路中,正常值应为 600~700mA。若行输出变压器出现短路,行输出级电流将上升到 1.5A 以上。由于负载电路电流增大,电源电压+12V 也要相应地微降一些。可用新的行输出变压器(型号相同)替换;行偏转线圈跳火引起短路。此时能观察到偏转线圈的跳火现象,需要换新的偏转线圈。

②行输出管 6VT6 集电极电压 8V 左右,电源电压 8.5V 左右,行输出级电流在 1.5A 以上。

故障原因:升压二极管 6VD8 击穿短路;行输出变压器内部严重短路。

③电源电压+12V 正常,行输出管 6VT6 基极电压-0.15V 正常,集电极电压为+4V。

故障原因:升压二极管 6VD4 断路,造成行输出级不能供电。

④电源电压+12V 正常,行输出管 6VT6 基极电压-0.15V 正常,集电极电压为+12V。

故障原因:滤波电容 6C12 开路或失效,行输出管 6VT6 不良,造成行输出级不能工作。

⑤电源电压+12V 正常,行输出管 6VT6 集电极电压为+12V,基极电压为 0V。

这是一种典型的行扫描电路故障,是由行振荡级停振或行激励级器件损坏后,不能给行输出管提供脉冲开关信号所引起的。若行输出级无故障,则应检修行激励级和行振荡级。

检修程序:

行激励级:行激励级电路较简单,常见故障是行激励管 6VT5 击穿短路或开路。如果 6VT5 正常,检测基极电压应为-0.1V;若无负电压,则为行振荡级停振。

行振荡级停振的原因:振荡管 6VT4 损坏,起动电路 6R9 断路,振荡线圈 6L1 断路,6C9、6C10 断路或不良。对以上元器件,可用相同规格元器件进行替换检查。

(2)光栅水平幅度小,图像伴音正常

经过测量电源电压+12V 正常,行输出管 6VT6 集电极电压为 20V 左右。

故障原因:升压电容 6C14 断路或无容量。

(3)荧光屏为一条垂直亮线,伴音正常

故障原因:S 校正电容 6C17 断路,行线性调节器 6L5 断路,行偏转线圈 6L6 断路。

(4)光栅两侧有锯齿形干扰

故障原因:AFC 滤波电容 6C6 断路或无容量。

(5)光栅出现左边黑右边白

故障原因:110V 滤波电容 6C7 断路或无容量。

(6)场扫描电路能同步,行扫描电路不同步

故障原因:

1)行振荡频率比较低或比较高,可调整行振荡线圈 6L1 的磁心位置。

2)若调整行振荡线圈 6L1 磁心仍然不能同步,则 AFC 电路存在故障,通常为 6VD1、6VD2 短路或断路引起的。

(7)无+110V 电压

故障原因:

1)限流电阻 6R13 断路。

2)整流二极管 6VD3 击穿短路或断路。

3)滤波电容 6C7 击穿短路。

6.3.3　视频放大、显像管电路

视频放大、显像管电路也称为尾板电路,因安装在电子枪尾部而得名。它们在电路中为显像管各电极加入所需电压,将视频信号放大到较大幅度,使显像管荧光屏显示出明亮的光栅和清晰的图像。电路中还包含有亮度控制、对比度控制、消隐电路、消除亮点电路。这些电路的功能和特点都应熟练掌握。视频放大、显像管电路的关键电压测量点、关键干扰点、元器件损坏所引起的故障如图6-4 所示。

1. 关键电压测量点

1)显像管阴极电压在+30~+70V。旋动亮度电位器 4W2,阴极电压应在+30~+70V 变化。阴极电压的高低控制荧光屏光栅的亮度,+30V 左右光栅亮度最亮,+70V 左右为最暗。

2)+110V 中压供电电压由行 V 电压视频放大、显像管电路不能正常工作。

3)加速阳极电压为+110V。若加速阳极无电压,将使光栅亮度下降。

4)视频放大管 4VT1 集电极电压+80V,基极电压+2.7V,发射极电压+2.4V。通过以上三个电极电压的测量,可以判断视频放大管工作是否正常。尤其是基极电压+2.7V 是由中放集成电路 uPC1366C③脚采用直耦方式提供的,此电压不正常将使视频放大管 4VT1 不能正常工作,也表示公共通道存在故障。

2. 关键信号干扰点

为视频放大管 4VT1 基极或中频放大集成电路 uPC1366C③脚。干扰时光栅闪动为正常,若不闪动则电路中存在故障。

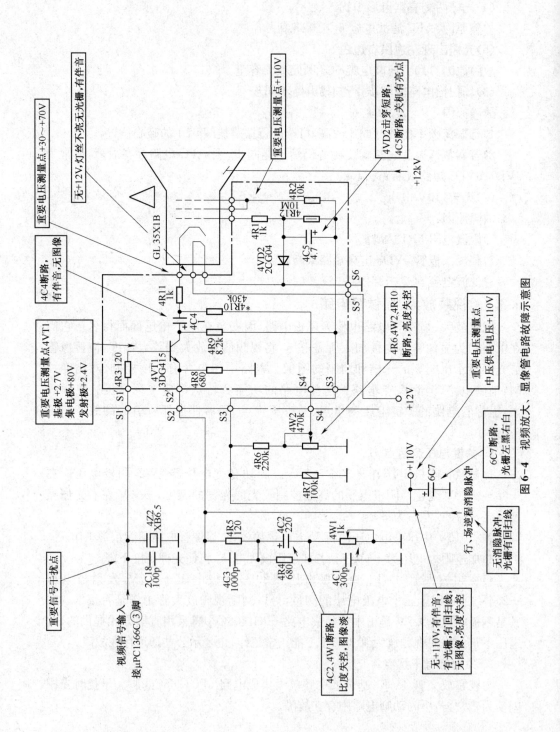

图 6-4　视频放大、显像管电路故障示意图

3. 常见故障及排除方法

(1)显像管无光栅、无图像、灯丝不亮、伴音正常

检修程序如图 6-5 所示。

(2)无光栅、无图像、有伴音,显像管管径内电子枪发蓝光或紫光

故障原因:显像管漏气损坏,需更换新显像管。

(3)显像管各电极电压正常,阴极电压可以调到+30V 左右,荧光屏无光栅或光栅很暗

故障原因:显像管老化,阴极发射能力降低,需更换新显像管。

(4)光栅亮度失控,调整亮度电位器 4W2,光栅亮度不变

检修程序如图 6-6 所示。

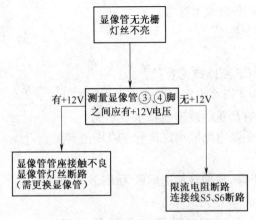

图 6-5　显像管灯丝不亮检修程序

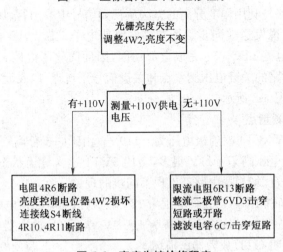

图 6-6　亮度失控检修程序

(5)有光栅和回扫线,无图像,伴音正常

故障原因:

1)视频放大管 4VT1 损坏。

2)耦合电容 4C4 断路或无容量。

3)连接线 S1 断路。

4)电阻 4R9、4R3 断路。

(6)有光栅和回扫线,无图像,无伴音

故障原因:中放集成电路 uPC1366C 损坏后,③脚无＋2.7V 电压。

(7)对比度失控,旋动对比度控制电位器 4W1,图像对比度无变化

故障原因:

1)对比度控制电位器 4W1 损坏。

2)连接线 S2 断路。

3)旁路电容 4C2 断路或无容量。

(8)关机后有一个亮点

故障原因:

1)消亮点电容 4C5 断路或无容量。

2)消亮点二极管 4VD2 击穿短路或反向电阻减小。

(9)光栅上半部有严重的波浪线状水平干扰

故障原因:因场消隐电路隔离二极管 7VD1 击穿短路,使场扫描信号进入视放级造成干扰。

(10)光栅亮度下降,显像管加速阳极无＋110V 电压

故障原因:电阻 4R2 断路。

6.3.4　同步分离、场扫描电路调试与故障排除

同步分离电路是利用幅度分离的方法从视频信号中取出行、场复合同步信号,使行、场扫描与电视发送端同步。场扫描电路使电子束做 50Hz 的垂直扫描。场扫描电路由集成电路 uPC1031 完成全部功能,因而简化了电路,提高可靠性。同步分离、场扫描电路的关键电压测量点和关键信号干扰点,以及元器件损坏所引起的故障如图 6-7、图 6-8 所示。

1. 关键电压测量点

1)同上分离管 5VT1 发射极电压为＋110V。由于同步分离管 5VT1 为微偏置状态,如果发射极电压高于＋11V 很多,会使 5VT1 进入导通状态,将破坏同步分离的工作性能,使行、场扫描电路都出现不同步的现象。

2)集成电路 uPC1031H2②脚电压为 12V,为场扫描电路供电电压。

3)集成电路 uPC1031H2①脚电压为＋5.9V,为 OTL 放大器中点电压。电压过高或过低,都说明 OTL 放大器已损坏。

2. 关键信号干扰点

为集成电路 uPC1031H2⑦脚、场输出级 OTL 放大器信号输入脚。当光栅出现一条水平亮线时,可以通过干扰⑦脚确定故障范围。干扰⑦脚时,如果亮线上下

闪动,故障应在场振荡级;干扰⑦脚时,若亮线无上下闪动,故障应在场输出级。

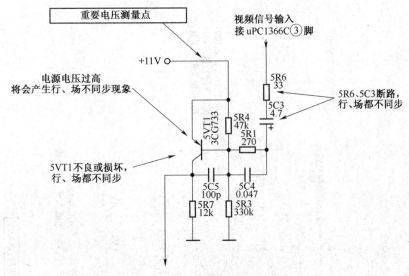

图 6-7　同步分离电路故障示意图

3. 常见故障及排除方法

(1)行、场扫描电路都不同步

故障原因:

1)同步分离管 5VT1 发射极电压高于规定值+11V 很多。

2)同步分离管 5VT1 损坏或不良,可用新管替换。

3)钳位电容 5C3 断路或无容量。

4)电阻 5R1、5R6 断路。

(2)光栅水平一条亮线

检修程序如图 6-9 所示。

(3)光栅垂直幅度小

故障原因:

1)锯齿波电压形成电容 7C3 断路或无容量。

2)负反馈耦合电容 7C2 断路或无容量。

3)场幅度微调电阻 7W2 中心抽头断路。

4)集成电路 uPC1031H2 损坏。

(4)光栅垂直线性差

光栅垂直线性差,可调整 7W2 幅度电位器和 7W3 线性电位器。调整方法:首先调整 7W2 将帧幅度调整为荧光屏的 2/3,再调整 7W3 使线性良好,然后调整 7W2 使帧幅度达到满屏,如果线性稍差可调整 7W3。在调整时相互配合调整 7W2 和 7W3,可以得到满意效果。

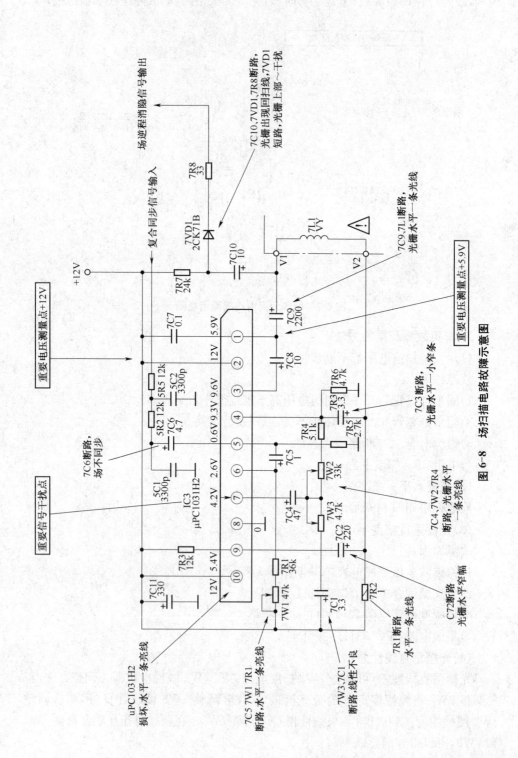

图6-8　场扫描电路故障示意图

调整 7W2 和 7W3 仍然不能使线性良好的故障原因是:

1)线性电位器 7W3 损坏。

2)线性校正电容 7C1 断路或无容量。

3)耦合电容 7C9 容量下降。

(5)行扫描电路同步,场扫描电路不同步

故障原因:

1)场频电位器 7W1 损坏。

2)若调整 7W1 无效果,仍不同步,则耦合电容 7C6 断路或无容量,电阻 5R2、5R5 断路。

3)集成电路 uPC1031H2 损坏。

(6)光栅、图像、伴音都正常,有回扫线

故障原因:

1)耦合电容 7C10 断路或无容量。

2)隔离二极管 7VD1 断路,电阻 7R8 断路。

6.3.5　公共通道电路调试与故障排除

公共通道由高频调谐器、预中放、声表面波滤波器、中放集成电路 uPC1366C 等电路组成。它将天线接收来的高频电视信号经变频、放大、检波后,产生视频信号和第二伴音中频信号,是电视信号的主要通道。公共通道关键电压测量点、干扰点、元器件损坏所引起的故障如图 6-10 所示。

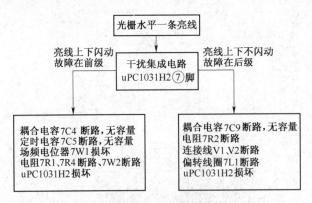

图 6-9　光栅水平一条亮线检修程序

1. 关键电压测量点

1)集成电路 uPC1366C 视频信号输出③脚为+3V。视频信号输出③脚与视频放大级之间采用直耦方式,所以③脚电压不正常也会影响到视频放大级的工作状态。

2)uPC1366C 电源供应⑦脚为+12V。

3)高频调谐器(高频头)电源供应 T1 端为+12V。

4)uPC1366C 中频放大电源供应⑫脚为+7.2V。

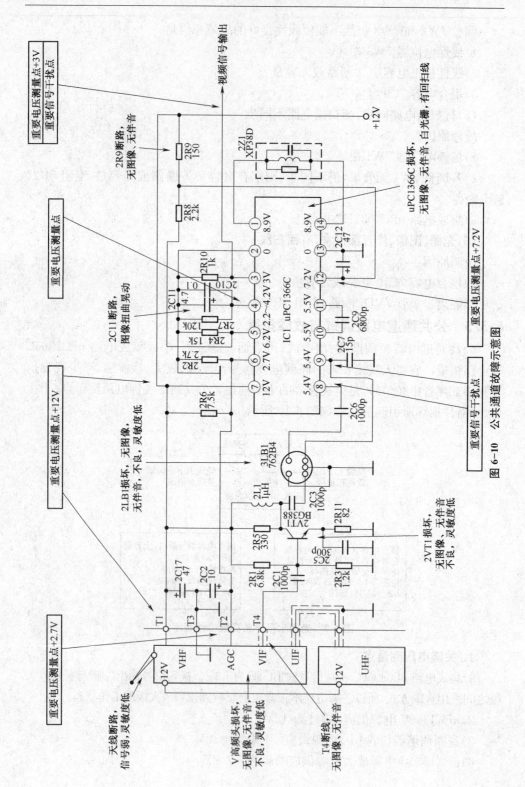

图6-10　公共通道故障示意图

5)高频调谐器 AGC 电压供应 T2 端为+2.7V。

6)uPC1366C 集成电路④脚外接中放 AGC 电压滤波电路。无信号时为 4.2V,有信号后下降到 2.2V 左右。

2. 关键信号干扰点

1)集成电路 uPC1366C 视频输出③脚,同时也是视频放大级的输入端,通过干扰可以判断视频放大级是否正常。正常时干扰③脚光栅应闪动,如果不正常,干扰时光栅将不会有闪动。

2)集成电路 uPC1366C 中频信号输入⑧、⑨脚,如果集成电路 uPC1366C 工作正常,干扰时光栅应有闪动;若干扰时光栅不闪动,则中放电路存在故障。

3. 常见故障及排除方法

(1)有光栅、无图像、无伴音(也称为白光栅)

如果集成电路电视机的公共通道、视频放大、显像管电路正常,在无电视信号时光栅会有深浅明显、清晰的雪花点,伴音也有"沙沙"的噪声;若只有光栅而无雪花点,即为白光栅。

检修程序如图 6-11 所示。

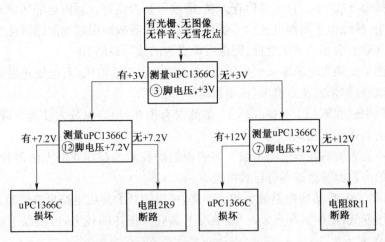

图 6-11　有光栅、无图像、无伴音检修程序

(2)光栅正常、伴音正常,图像扭曲晃动

故障原因:中放 AGC 滤波电容 2C11 断路或无容量。

(3)有光栅、有雪花点,无图像、无伴音

公共通道是由高频调谐器、预中放、声表面滤波、中放集成电路四部分组成的,其中任何一级存在故障,都会引起这种现象。根据公共通道的工作特点,首先确定中放集成电路 uPC1366C 工作是否正常,可通过测量 uPC1366C 的③脚+3V 电压、⑦脚+12V 电压、⑫脚+7.2V 电压,干扰③脚和⑧、⑨脚光栅是否闪动来判断。若干扰⑧、⑨脚光栅有较大闪动,故障应在前三级中;若干扰⑧、⑨脚光栅无闪动,故障是由 uPC1366C 损坏引起的。

若 uPC1366C 中放集成电路正常,则故障在声表面波滤波器、预中放级、高频头电路中,可采用信号跨越的方法检修。

先测量高频头电源＋12V 电压、AGC＋2.7V 电压正常后,将 VIF 中频及信号输出在 T4 处断开,串联接入一个 0.01uF 电容器,再用导线接到 uPC1366C 集成电路中频输入到⑧脚或⑨脚。VIF 中频信号输入到⑧脚或⑨脚,光栅若出现图像信号,说明故障在声表面波滤波器或预中放级;光栅无图像信号,说明高频头出现故障,应检查天线输入或更换新的高频头。

如果确认预中放级和声表面波滤波器有故障,首先要用规格相同的声表面波滤波器更换试验。没有元件更换时,很难测试出声表面波滤波器的好坏,可将中预信号从预中放级输出端通过 0.01MF 的电容器接入 uPC1366C 的⑧脚或⑨脚,若接入后光栅出现图像,说明声表面波滤波器 2LB1 已损坏;若接入后光栅仍无图像,说明预中放级有故障,要重点检查预中放管 2VT1 及外围元件是否损坏。

(4)灵敏度低,图像雪花点大

检修程序:

在检修此故障时,首先要检查天线、馈线等是否良好。到附近邻居家观察电视接收效果,排除由于高频电视信号弱和天线、馈线等故障引起的图像雪花点大。

公共通道引起的灵敏度低、图像雪花点大的故障原因有:

1)测量高频头电源输入＋12V 电压,AGC＋2.7V 电压,若电压正常可用新的高频头试验,如果雪花点消失,说明原高频头损坏。

2)预中放管 2VT1 不良。2VT1 虽然没有损坏,但高频放大性能下降,可用相同型号的晶体管更换。

3)声表面波滤波器性能不良。声表面波滤波器的好坏我们无法测量,只有用同型号的声表面波滤波器进行替换检查。

4)uPC1366C 集成电路放大能力下降,可以用新的集成电路更换试验。

灵敏度低,图像雪花点大,一般情况下高频头损坏的较多,可按以上顺序耐心检查。

(5)VIF 高频头接触不良

黑白电视机 VIF 高频头采用机械滚筒式,多达 12 个转换接点,长期使用后这些接点经常会出现接触不良的故障,影响高频电视信号的接收。排除方法有:

1)打开高频头屏蔽盖,用无水乙醇(酒精)点入 12 个转换接点处,多次快速滚动滚筒磨掉接点上的氧化层。电位器和各种转换、波段开关出现接触不良时,也可以采用此方法。

2)打开高频头屏蔽盖,用细砂纸插入接点处,多次滚动滚筒磨掉接点上的氧化层。

3)更换新的 VHF 高频头。

6.3.6　伴音通道电路调试与故障排除

伴音通道由 6.5MHz 中频限幅放大、鉴频器、直流音量控制、OTL 低频放大等电路组成。集成电路 uPC1353C 可以完成以上全部功能,既简化了电路,又提高了伴音的音质和音量,给维修带来了方便。伴音通道关键电压测量点、关键信号干扰点、元器件损坏所引起的故障如图 6-12 所示。

1. 关键电压测量点

1)集成电路 uPC1353C⑩脚为 +16.5V。为 OTL 低频功率放大器电源供应脚,若无电压则为电阻 8R2 断路。

集成电路 uPC1353C⑤脚为 +8.1V。为 6.5MHz 中频限幅放大电源供应脚,若无电压则为电阻 3R2 断路或电阻 8R11 断路。

2)集成电路 uPC1353C⑧脚为 +8.8V。为 OTL 低频功率放大器中点输出脚,电压应为 1/2 电源电压。电压过高或过低,都说明 OTL 低频功率放大器有故障。

3)集成电路 uPC1353C⑭脚电压应在 0~+2.5V 变化。该脚为直流音量控制电压输入端,通过⑭脚直流电压变化来控制伴音音量的大小,采用的是正控方式,即 0V 时音量最小,+2.5V 时音量最大。

2. 关键信号干扰点

1)集成电路 uPC1353C⑦脚和④脚。为 OTL 低频放大器信号输入脚,干扰时扬声器应有"咯咯"声。

2)扬声器接线点 Y1 和 uPC1353C⑧脚。干扰这两个点时应将电源关掉,可以判断扬声器和耦合电容 3C11 是否有故障。

3)集成电路 uPC1353C⑫脚。为 6.5MHz 中频限幅放大输入端,通过干扰可判断中放电路是否正常。

3. 常见故障及排除方法

(1)有光栅、有图像、无伴音

检修程序如图 6-13 所示。

(2)伴音声小、失真

故障原因:

1)鉴频线圈 3LB1 谐振频率偏移,可仔细调整磁心。

2)OTL 负反馈电路耦合电容 3C5 断路,无容量。

(3)伴音音量失控

故障原因:音量控制电位器 3W1 连接线 L3 断路。

小结:

本章以黑白电视机组装及其调试过程为例,重点介绍了电路工作过程;元器件检测安装与焊接;各单元电路调试与故障排除方法。通过对本章的学习,应掌握电视机的组成及工作过程;各电路的元件选择及注意事项;集成电路引脚识别及应用;各单元电路中的关键点;电路的常见故障与排除方法等内容。

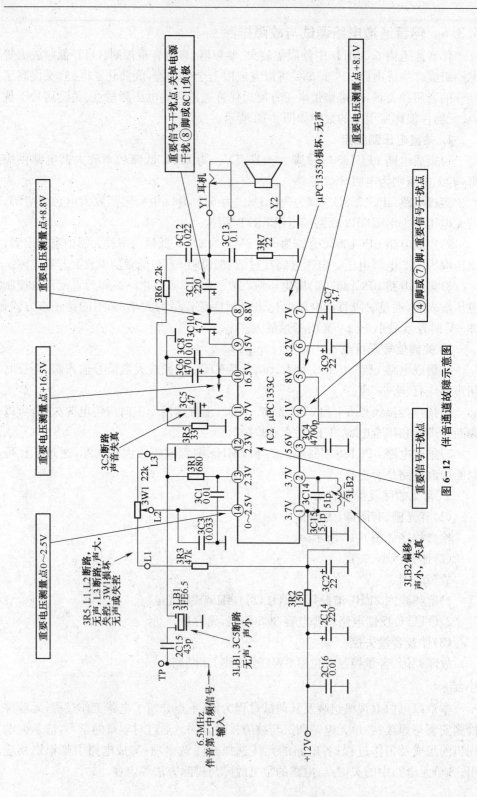

图 6-12 伴音通道故障示意图

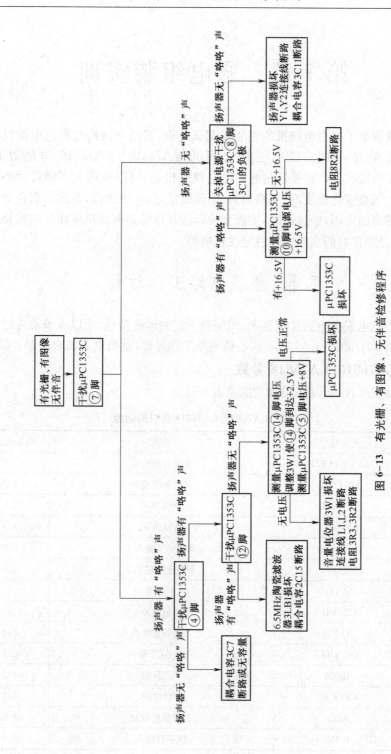

图 6-13　有光栅、有图像、无伴音检修程序

第 7 章　彩电组装实训

上一章讲解了黑白电视机的组装及调试过程,黑白电视机与彩色电视机电路相比,还是简单一些。日本三洋公司的 LA76810/ LA76818 与微处理器 LC8633XX 构成的 I²C 总线控制的彩色电视机机心,可以应用在多种尺寸的彩色电视机上。因数字化程度高、线路简洁、图像质量好、性价比高,在国产彩色电视机中得到了较多的应用,经过改装,主板套件和散套件既是电视机板块替换维修的理想产品,又是非常好的实习用彩色电视机电路。

7.1　整机电路工作过程

由于彩色电视机电路比较复杂,需要有一定的理论基础,所以本节首先结合整机电路分析 LA76810/LA76818 机心的电路工作过程,整机电路如附图 B-2 所示。

7.1.1　LA76810/LA76818 参数

LA76810/LA76818 各引脚功能见表 7-1。

表 7-1　LA76810/LA76818 各引脚功能

引脚	英文符号	功能	电压值(V)
1	AUDIO OUT	伴音音频输出	2.8
2	FU OUT	伴音检波输出	2.5
3	PIF AGC	中频 AGC	2.6
4	RF AGC	高频 AGC	1.8
5	VIF INI	图像中频输入 1	2.8
6	VIF IN2	图像中频输入 2	2.8
7	GND(1P)	中放地	0
8	VCC(VIF)	中放电源	5
9	FU F11	伴音检波滤波	2.0
10	AFT OUT	中放 AFT 输出	0.1
11	ADTA	I²C 数据	4.2
12	CLOCK	I²C 时钟	4.2
13	ABL	自动亮度控制	1.9
14	R IN	红字符输入	0.9
15	G IN	绿字符输入	0.9

续表 7-1

引脚	英文符号	功能	电压值(V)
16	B IN	蓝字符输入	0.9
17	BLANK IN	字符消隐输入	0
18	VCC(RGB)	RGB 电源	8.0
19	R OUT	红输出	1.8
20	G OUT	绿输出	1.8
21	B OUT	蓝输出	1.8
22	SYNC	同步信号输出	0.4
23	V OUT	场推动信号输出	2.2
24	RAM PALC FIL	场锯齿波形成滤波	2.8
25	VCC(H)	行电源	5
26	H AFC FIL	行 AFC 滤放	2.6
27	H OUT	行推动信号输出	0.7
28	FBP IN	行逆程脉冲输入,沙堡脉冲形成	1.1
29	VCO IREF	行参考电流	1.6
30	CLOCK OUT	4MHz时钟信号输出	0.9
31	VCC(CCD)	IH−CCD 电源	1.5
32	CCD FIL	IH−CCD 滤波	8.3
33	GND(CCD/H)	IH−CCD/行振荡地	0
34	SECAM B−Y IN	SECAM B−Y 输入	2.4
35	SECAM R−Y IN	SECAM R−Y 输入	2.4
36	APC2 OUT	APC2 滤波	1.7
37	FSC OUT	负载波输出	2.3
38	XTAL	4.43MHz晶体振荡	2.7
39	APCI FIL	APCI 滤波	1.3
40	SELECT V OUT	视频选择输出	2.2
41	GND(V/C/D)	视频/色度/偏转电路地	0
42	EXT VIDEO IN	外视频信号/Y 信号输入	2.5
43	VCC<V/C/D	视频/色度/偏转电路电源	5
44	INT VIDEO IN	内视频信号/C 信号输入	2
45	BLACK STR FIL	黑电平延伸滤波	1.1
46	VIDEO OUT	视频信号输出	1.8
47	VCO FIL	中频 PLL 环路滤波	1.4
48	VCO COIL	图像解调振荡线圈外接端	4.2

引脚	英文符号	功能	电压值(V)
49	VCO COIL	图像解调振荡线圈外接端	4.2
50	PIF FIL	图像中频 APC 外接滤波端	2.3
51	EXT AUDIO IN	机外音频信号输入端	2.3
52	SIF OUT	第二伴音中频信号输出端	2.1
53	STF APC FIL	伴音解调 APC 外接滤波端	2.2
54	SIF IN	第二伴中频信号输入端	1.1

注:表中电压值仅供参考。

7.1.2　高、中频形成电路

高频调谐器 A101 在 LA76810/LA76818 输出的 RF AGC 电压、微处理器输出的 BAND 波段控制电压以及 PWM 调谐电压的作用下,从 IF 脚输出 38MHz 的电视中频信号。此信号经过 C110 耦合到以 VT102 为核心的前置预中放电路,VT102 的作用是补偿声表面波滤波器 Z201 的插入损耗。V202 放大后的中频信号经过 C218 耦合后加到声表面波滤波器上,中频信号在声表面波滤波器内部形成特定的中频特性曲线后,对称输入到 LA76810/LA76818 的⑤、⑥脚。中频信号输入到 LA76810/LA76818 内部后,首先进入 VIF 放大电路、视频检波电路,得到复合全电视信号。其中一路经过 6.5MHz 的图像陷波电路后,得到视频信号,放大后从㊻脚输出。复合全电视信号的解调是通过频率、相位正确的副载波振荡信号与图像中频信号进行乘法运算得到的。LA76810/LA76818 的㊽、㊾脚外部电感 L101 与内部压控振荡器共同作用,产生副载波振荡信号。

副载波振荡信号其中一路送入 APC 副载波鉴相器,APC 副载波鉴相器将中放电路输入的中频信号与压控振荡器输入的副载波振荡信号进行相位比较,二者相位一致时,副载波振荡信号从另一路送入视频检波器,在视频检波器中解调出复合全电视信号;二者相位不一致时,副载波鉴相器中产生的控制电压加到副载波振荡器,副载波振荡产生的信号与中放电路输入的中频信号在 APC 副载波鉴相器中比较后相位一致。副载波振荡器产生的副载波振荡信号与中放电路输入的中频信号进行相位比较后,产生的误差电压反映出解调后 38MHz 图像中频信号偏离38MHz 的程度,这个误差电压称为 AFT 电压。AFT 电压供给微处理器后,一方面作为自动搜台过程中自动记忆的根据;另一方面根据图像中频信号偏离 38MHz的程度修正微处理器 PWM 调谐电压输出,从而控制高频调谐器的收台频率,进一步保证副载波振荡器产生的副载波振荡信号与中放电路输入的中频信号相位一致。对于不同制式的全电视信号解调,是由微处理器通过 I²C 总线控制 LA76810/LA76818 来自动实现的。LA76810/LA76818 的㊼脚元件 C137 为 PLL 滤波电容,保证压控振荡器产生的副载波振荡信号相位准确。

LA76810/LA76818 的㊿脚为中频 APC 滤波端,外接元件 R128、C123、C139、

R127,保证副载波鉴相器产生准确地控制电压加到副载波振荡器上。LA76810/LA76818 ⑩脚元件 C118 为 AFT 电压滤波电容。

　　视频检波器输出的另一路视频信号被送到 AGC 电路。IF ACC 电路根据视频信号的幅度,产生相应的 IF AGC 控制电压,控制 VIF 放大电路状态。当 IF ACC 控制电压不能满足信号幅度要求时,RF AGC 电路在 I^2C 总线的控制下和 IF AGC 控制电压的作用下,产生 RF AGC 控制电压供给高频调谐器使用。LA76810/LA76818③脚元件 C120 为 IF AGC 滤波电容。LA76810/LA76818④脚元件 C119 为 RFACC 滤波电容。视频检波器输出的另一路复合全电视信号从 LA76810/LA76818⑤②脚输出,经过 C126、R125、L121 组成的高通滤波器后,分离出高频信号,又重新回到 LA76810/LA76818⑤④脚。在 LA76810/LA76818 内部,高频信号经过带通滤波器后,在 PLL 锁相环的作用下选出第二伴音中频信号。第二伴音中频信号再先后经过带通滤波器、限幅放大器、伴音鉴频器后,解调出伴音音频信号。对于不同制式的伴音音频信号解调,也是由微处理器通过 I^2C 总线控制 LA76810/LA76818 来自动实现的。LA76810/LA76818 的⑤③脚元件 C140、C124、R121 用于伴音解调 PLL 锁相环滤波。

7.1.3　AV/TV 与 AV/S 端子切换及 YUV 输入电路

1. AV/TV 转换电路

(1)各信号的输入

　　AV 视频、DVD 亮度或 S 端子亮度信号从④②脚输入,TV 视频或 S 端子色度信号从④④脚输入,这些信号全部送至内部视频开关。当机器工作于 TV 状态时,④④脚输入的 TV 视频信号被内部视频开关选中,一路送至内部解码电路,另一路从④⑩脚输出送至 SECAM 解调电路、图文解调电路(国内多数机型没有这两个电路)以及机外。当机器工作于 AV 状态时,④②脚输入的 AV 视频信号被内部视频开关选中。当机器工作于 S 状态时,④④脚输入的色度信号(此时④⑥脚无 TV 视频输出)及④②脚输入的亮度信号(此时 42 脚无 AV 视频信号)被内部视频开关选中,一方面送至解码电路,另一方面将色度信号和亮度信号混合后得到复合视频信号从④⑩脚输出。

　　YUV 输入端子用来接收 DVD 影碟机送来的 YUV 信号。Y 信号从④②脚输入,U、V 信号分别从③④脚和③⑤脚输入。YUV 信号经内部开关送至亮度通道和色差信号处理电路。

　　AV 单声道音频信号从④脚输入,在内部伴音处理电路中与 TV 音频信号进行切换,再从①脚和②脚输出。

(2)工作流程

　　从 LA76810/LA76818 ④⑥脚输出的视频信号经过 R210、C204 耦合到 LA76810/LA76818 ④④脚,机外输入的视频信号经过 C211 耦合到 LA76810/LA76818 ④②脚。这两路信号在块内经过各自的钳位电路后,送到 AV/TV 视频转换电路。AV/TV 转换电路在 I^2C 总线的控制下实现视频转换,转换后的信号分为四路:一路从 LA76810/LA76818 ⑩脚输出,作为机内视频信号输出;其他三路在芯片内分别送往亮度通道、色度通道和同步分离电路。从 LA76810/LA76818 内部伴音鉴频电路中得到的音频信号分两路输出:一路直接送到块内 AV/TV 音频转换电路,机外输入的音频信号经过 V807 耦合到 LA76810/LA76818 ⑤脚,也送到块内 AV/TV 音频转换电路,AV/TV 转换电路在 I^2C 总线的控制下实现音频转换,音频转换后的信号经过音量控制电路后,从 LA76810/LA76818 ①脚输出,送往伴音低放电路,伴音低放电路输出音频信号推动扬声器还原成声音;另一路音频信号从 LA76810/LA76818②脚输出。LA76810/LA7681844②脚可以是内部视频信号输入脚,又可以是外部色度信号输入脚;⑫脚可以是外部视频信号输入脚,又可以是外部亮度信号输入脚,其他引脚不能输入相应的图像信号。所以,当 LA76810/LA76818 机心设置一路以上的机外信号输入时,必须在外部附加相应的控制电路才能实现,其控制信号来源于微处理器。

7.1.4 伴音低放电路

AN5265 是一个外围元件相当简单的伴音低放集成电路,它只要在①脚加上相应的工作电压,②脚注入一定幅度的音频信号,⑧脚就能够输出相应功率的音频信号,推动扬声器发出声音。

工作流程:当增大彩电音量时,微处理器通过 I^2C 总线向 LA76810/LA76818 内部音量控制电路发出控制指令。LA76810/LA76818 内部音量控制电路接到控制指令后,根据音量需求程度加大 LA76810/LA76818①脚音频信号输出幅度。幅度加大的音频信号进入②脚,在内部进行放大处理后,伴音输出音量自然加大了。

AN5265⑧脚外围元件 C634 为伴音输出电容。C635、R635 为伴音形成电路前后级保护元件,其作用有两个:一是防止伴音低放电路开机时产生的伴音脉冲电流对扬声器形成冲击;另一个是防止关机后扬声器线圈产生的感应电压对伴音低放电路形成冲击。

7.1.5 亮度、色度电路

1. 亮度信号处理

在 LA76810/LA76818 内部,AV/TV 转换后得到的视频信号是亮度信号和色度信号的复合信号。在亮度信号还原过程中,为了减少色度信号可能造成的干扰,采用了色度陷波电路。色度陷波电路根据亮度信号与色度信号的频率、带宽各不相同的特点,采用带阻滤波器的方式阻止色度信号通过;色度陷波电路还根据微处理器发出的 I^2C 控制信号工作于各种制式下对应的陷波频率。由于亮度信号、色度信号的带宽不同,亮度信号、色度信号还原后所需要的时间也不相同。亮度信号、色度信号在还原过程中,亮度信号比色度信号提前 0.6us 得到。为了保证图像套色准确,线路中设计了亮度延迟电路。亮度信号经过色度陷波电路、亮度延迟电路之后,为了进一步提高画面质量,再经过核化电路、黑电平延伸电路送到亮度及对比度控制电路。亮度及对比度控制电路受 I^2C 总线的控制。为了保证画面亮度稳定,LA76810/LA76818 内部与⑬脚外围元件又设定了自动亮度限制电路(ABL 电路),图像亮度与 LA76810/LA76818⑬脚电压成反比例关系。由于某种原因,图像亮度增加时,显像管阳极电流增大,隔离二极管 VD403 的负极电压降低,VD403 导通,LA76810/LA76818 ⑫脚电压降低,图像亮度降低。VD401、VD402 为 ABL 钳位二极管,C408 为 ABL 滤波电容。LA76810/LA76818㊺脚外围元件 C203、R204 为黑电平延伸电路外接元件。

2. 色度信号处理

在 LA76810/LA76818 内部,AV/TV 转换后的视频信号经过色带通滤波器后得到色度信号,色度信号经过自动色度控制电路(ACC 电路)后分两路输出。一路送色度解调电路,另一路供给色同步分离电路使用,同步分离后的色同步信号作为自动相位控制电路(APC 电路)工作的必要条件。为了稳定副载波产生电路的频率和相位,副载波产生电路采用二路锁相环路。LA76810/LA76818㊳脚外围 4.43MHz 的石英晶体 与内部压控振荡器 VC01 结合产生的 4.43MHz 副载波振荡信号送到内部自动相位控制电路 APC2,自动相位控制电路 APC2 与内部压控振荡器 VCO2 结合产生的副载波振荡信号送到内部色调处理电路处理后分两路输出:一路供给自动相位控制电路 APC1,用来修正 4.43MHz 的副载波振荡器频率;另一路通过 PAL 开关与 ACC 电路输出的色度信号在色度解调电路中进行解调,解调出 R-Y、B-Y 信号,R-Y 、B-Y 信号经过钳位电路后送到切换开关,与 LA76810/LA76818㉞、㉟脚输入的 SECAM 制 R-Y,B-Y 信号在 I^2C 总线控制下进行切换,切换出对应制式下的 R-Y、B-Y 信号。由于这些信号具有相位失真的特点,所以把它们加入基带延时电路进行处理,处理后的信号经过对比度、亮度控制电路控制后加入矩阵电路,解调出 RGB 信号。本机不同制式的彩色处理过程都是通过微处理器发出 I^2C 总线控制信号,由 LA76810/LA76818 内部实现的,在 LA76810/LA76818 外围设置七个引脚就可完成这个处理过程。NTSC 制色度信号解调所需要的 3.58 MHz 副载波脉冲信号是由 LA76810/LA76818 内部分频电路对 4.43MHz 副载波振荡信号进行分频得到的。㊴脚外围元件 C207、R207、C208、R205、R206 为 APC1 环路滤波端;㊳脚外围元件 G201 为 4.43MHz 晶体外接端;㊱脚外围元件 C201 为 APC 环路滤波端。

7.1.6　视放、字符电路

LA863528 外部没有字符振荡电路,字符振荡电路设置在 LA863528 内部。因此,如果微处理器具备行场逆程脉冲信号,就能够输出字符信号。行输出变压器 T471④脚输出的行逆程脉冲信号经过 R732、C730、R410、R733 加到 V705 的基极,由 V705 的集电极加到微处理器㉑脚,以确定字符在屏幕左右方向上的显示位置。场输出块 N451⑦脚输出的场逆程脉冲信号加到 V704 的基极,由 V704 的集电极加到微处理器⑰脚,以确定字符在屏幕上下方向的显示位置。微处理器㉒脚输出的字符消隐信号加到小信号处理芯片 N101(LA76810)⑰脚。微处理器⑲、⑳、㉑脚输出的 RGB 字符点阵信号分别加到 LA76810/LA76818 ⑭、⑮、⑯脚。有字符显示期间,字符消隐信号为高电平,N101 内部的 OSD 切换开关选择 RGB 字符信号,镶嵌在图像中的一定位置;无字符显示期间,字符消隐信号为低电平,N101 内部的 OSD 切换开关选择 RGB 图像信号。

　　OSD 切换开关选择出来的 RGB 字符信号、RGB 图像信号经过 RGB 驱动电路后,从 N101⑲、⑳、㉑脚输出到末级视放电路。图像信号的黑白平衡调整是在 RGB 驱动电路内部通过 I²C 总线进行的,它省去了传统的可调电阻,从而避免了因为可调电阻使用时间太长,出现接触不良现象而造成的彩电偏色问题。视频放大电路由 VT902、VT912、VT922、VT931 组成。从 N101㉑脚输出的 RGB 信号分别进入 V902、V912、V922 三个视放管的基极。视频信号经过三个视放管进行放大后由集电极输出,加到显像管的三个阴极上,推动显像管显示出彩色图像。

　　为了提高三个视放管的工作稳定性,三个视放管发射极增添了以 VT931 为核心的补偿电路。正常工作时 VT931 截止,若外部原因使三个视放管工作条件不稳定,则 VT931 导通,VT931 的导通程度与三个视放管的补偿量有直接的关系。V932 以及外围元件组成关机消亮点电路。正常工作时,VT932 截止,电容 C933 充电,充电电压为 12V;关机后,12V 电压立即消失,电容 C933 放电,V932 因为正偏而导通,三个视放管分别通过隔离二极管 VD901、VD911、VD921 使其发射极电压急剧下降,三个视放管急剧导通,显像管三个阴极电位迅速降低,射束电流增大,高压立即被泄放,达到关机消除亮点的目的。

7.1.7　行场扫描电路

1. 行扫电路

　　LA76810/LA76818 内有行振荡电路,它在 I²C 总线控制电路的作用下,只要㉕脚提供 5V 供电电压,内部就能产生 4MHz 的振荡信号。4MHz 的振荡信号经过 256 分频后分三路输出:第一路送入 AFC1 电路。在 AFC1 电路中,同步分离电路分离出来的同步信号与分频得到的行频信号进行频率比较,比较结果不一致时,AFC1 电路将比较后的误差信号转变为电压控制信号加到行振荡电路,进一步控制行振荡器的频率与电视台发送的电视信号频率相位一致。LA76810/LA76818 ㉖脚外围元件 C406、C407、R402 为 AFC1 低通滤波端。第二路送入 AFC2 电路。行输出变压器 T471⑩脚输出的行逆程脉冲信号经过 R412、VD411、R413 进入 LA76810/LA76818 ㉘脚,与 AFC1 电路中处理后的行脉冲信号在 AFC2 电路中进行相位比较,保证行脉冲信号的相位与电视台发送的电视信号相位一致。第三路送入场分频电路。

　　AFC2 锁相处理后的行脉冲信号经过移相电路后送入行预激励电路,产生的行脉冲信号从 LA76810/LA76818 ㉗脚输出。从 LA76810/LA76818 ㉗脚输出的行脉冲信号加到行推动管 V431 的基极。R433、C433、C432 为尖峰吸收电路,防止行推动变压器 T431 的高压脉冲击穿 V431。

行脉冲信号放大后,经过 T431 加到行输出管 V432 的基极。电源电路输出的 110V 电压经过行输出变压器向 V432 提供工作电压。行输出管产生的频率为 15625Hz 锯齿波电流流过行偏转线圈,使显像管电子束完成水平方向的扫描。

行输出管基极、发射极串绕的磁环 L431、L432 用于防止行推动变压器二次侧产生的脉冲干扰。C435、C436 为行逆程电容,C441 为 S 校正电容,L441、R436 为行线性电感。R441 是控制 L441 工作时产生自激振荡的阻尼元件。C437 为行线性补偿电容,R436 为行输出管限流电阻,在图像内容亮暗变化时,控制光栅幅度不变。

2. 场扫电路

在 LA76810/LA76818 内部,行振荡信号进入场分频电路后,在场同步分离电路分离出来的场同步脉冲信号的作用下产生场脉冲信号,经锯齿波形成电路再送入场预激励电路后从 LA76810/18 的㉓脚输出。LA76810/LA76818 ㉔脚外部电容 C402、C403 为锯齿波形成电容。

LA76810/LA76818 ㉓脚输出的场激励信号经过电阻 R451 进入场输出块 N451(LA7840)⑤脚。LA7840 ③、⑥脚为场电源供电脚;⑦脚为场逆程脉冲输出脚,外接自举升压电容;④脚为内部运算放大器同相输入脚,R453、R454 为内部运算放大的偏置电阻;②脚为场扫描锯齿波输出脚。场锯齿波电流通路为 LA7840② 脚到场偏转线圈到 C457 到 R459 到地。C457 为场输出电容,R459 为场反馈取样电阻。R452、C459、VD452 用来防止场偏转线圈产生的反峰电压对 LA7840 的危害。R460、C458 用来消除场偏转线圈与场输出电路产生寄生振荡。C455 用来消除场输出电路本身产生的高频振荡。R459 上产生的取样电压经过 R458、C456、R456、R455 反馈到 LA7840⑤脚,作为交流负反馈信号,用来改变场线性。C457 正极上的直流电压经过 R457、R456 反馈到 LA7840⑤脚,作为直流负反馈信号,用以稳定场输出电路的工作点。

7.1.8 电源电路

1. 熔断器、干扰抑制、开关电路

FU801 是熔断器,也称为保险丝。彩色电视机使用的熔断器是专用的,熔断电流为 3.14A,它具有延迟熔断功能,在较短的时间内能承受大的电流通过,因此不能用普通保险丝代替。

R501、C501、L501、C502 组成高频干扰抑制电路。可防止交流电源中的高频干扰进入电视机干扰图像和伴音,也可防止电视机的开关电源产生的干扰进入交流电源干扰其他家用电器。

SW501 是双刀电源开关,电视机关闭后可将电源与电视机完全断开。

2. 自动消磁电路

彩色显像管的荫罩板、防爆卡、支架等都是铁制部件,在使用中会因周围磁场

的作用而被磁化,这种磁化会影响色纯度与会聚,使荧光屏出现阶段局部偏色或色斑,因此需要经常对显像管内外的铁制部件进行消磁。

常用的消磁方法是用逐渐减小的交变磁场来消除铁制部件的剩磁。这种磁场可以通过逐渐变小的交流电流来取得,当电流 I 逐渐由大变小时,铁制部件的磁感应强度沿磁带回线逐渐变化为零。

自动消磁电路也称 ADC 电路,由消磁线圈、正温度系数热敏电阻等组成,消磁线圈 L909 为 400 匝左右,装在显像管锥体外。

RT501 是正温度系数热敏电阻,也称为消磁电阻。刚接通电源时,因为 RT501 阻值很小,有很大的电流流过消磁圈 L909,该电流在流过 RT501 的同时使 RT501 的温度上升,RT501 的阻值迅速增加,从而使流过消磁线圈的电流 I 不断减小,在三四秒钟之内电流可减小到接近于零。

3. 整流、滤波电路

VD503～VD506 四只二极管组成桥式整流电路,从插头 U902 输入的 220V 交流电经桥式整流电路整流,再经滤波电容 C507 滤波得到 300V 左右的直流电,加至开关稳压电源输入端。C503～C506 可防止浪涌电流,保护整流管,同时还可以消除高频干扰。R502 是限流电阻,防止滤波电容 C507 开机充电瞬间产生过大的充电电流。

4. 开关稳压电源电路

开关稳压电源中,VT513 为开关兼振荡管,Uceo≥1500V,Pcm≥50W。T511 为开关振荡变压器,R520、R521、R522 为起动电阻,C514、R519 为反馈元件。VT512 是脉冲宽度调制管,集电极电流的大小受基极所加的调宽电压控制。在电路中也可以把它看成一个阻值可变的电阻,电阻大时 VT513 输出的脉冲宽度加宽,二次电压上升;电阻小时 VT513 输出的脉冲宽度变窄,二次电压下降。自激式开关稳压电源由开关兼振荡管、脉冲变压器等元件组成间歇式振荡电路,振荡过程分成为四个阶段。

(1)脉冲前沿阶段

+300V 电压经开关变压器的一次绕组③端和⑦端加至 VT513 的集电极,起动电阻 R520、R521、R522 给 VT513 加入正偏置产生集电极电流 Ic,Ic 流过一次绕组③端和⑦端时由于互感作用使①端和②端的绕组产生感应电动势 E1。由于①端为正,②端为负,通过反馈元件 C514、R519 使 VT513 基极电流上升,集电极电流上升,感应电动势 E1 上升,这样强烈的正反馈使 VT513 迅速饱和导通。VD517 的作用是加大电流启动时的正反馈,使 VT513 更快地进入饱和状态,以缩短 VT513 饱和导通的时间。

(2)脉冲平顶阶段

在 VT513 饱和导通期间,+300V 电压全部加在 T511③、⑦端绕组上,电流线性增大,产生磁场能量。①端和②端绕组产生的感应电动势 E1 通过对 C514 的充电维持 VT513 的饱和导通,称为平顶阶段。随着充电的进行,电容器 C514 逐渐充满,两端电压上升,充电电流减小,VT513 的基极电流 I_b 下降,使 VT513 不能维持饱和导通,由饱和导通状态进入放大状态,集电极电流 I_c 开始下降,此时平顶阶段结束。

(3) 脉冲后沿阶段

VT513 集电极电流 I_c 的下降使③端和⑦端绕组的电流下降,①端和②端绕组的感应电动势 E1 极性改变,变为①端为负、②端为正,经 C514、R519 反馈到 VT513 的基极,使集电极电流 I_c 下降,又使①端和②端的感应电动势 E1 增大,这样强烈的正反馈使 VT513 迅速截止。

(4) 间歇截止阶段

在 VT513 截止期间,T511 二次绕组的感应电动势使各整流管导通,经滤波电容滤波后产生 +190V、+110V、+24V、+17V 等直流电压供给各负载电路。VT513 截止后,随着 T511 磁场能量的不断释放,使维持截止的①端和②端绕组的正反馈电动势 E1 不断减弱,VD516、R517、R515 的消耗及 R520、R521、R522 加入的起动电流给 C514 充电,使 VT513 基极电位不断回升。当 VT513 基极电位上升到导通状态时,间歇截止期结束,下一个振荡周期又开始了。

5. 稳压工作原理

稳压电路由 VT553、N501、VT511、VT512 等元件组成。R552、RP551、R553 为取样电路,R554、VD561 为基准电压电路,VT553 为误差电压比较管。由于采用了 N501 的光耦合器,使开关电源的一次侧和二次侧实现了隔离,除开关电源部分带电外,其余底板不带电。

当 +B110V 电压上升时,经取样电路使 VT553 基极电压上升,但发射极电压不变,这样基极电流上升,集电极电流上升,光耦合器 N501 中的发光二极管发光变强,N501 中的光敏晶体管导通电流增加,VT511、VT512 集电极电流也增大,VT513 在饱和导通期间的激励电流被 VT512 分流,缩短了 VT512 的饱和时间,平顶时间缩短,T511 在 VT513 饱和导通期间所建立的磁场能量减小,二次感应电压下降,+B110V 电压又回到标准值。同样若 +B110V 电压下降,经过与上述相反的稳压过程,+B110V 又上升到标准值。

6. 脉冲整流滤波电路

开关变压器 T511 二次侧设置了五个绕组,经整流滤波或稳压后可以提供 +B110V、B2+17V、B3+190V、B4+24V、B5+5V、B6+12V、B7+5V 等七组电源。

行输出电路只为显像管各电极提供电源,其他电路电源都由开关稳压电源提供,这种设计可以减轻行电路负担,降低故障率,也降低了整机的电源消耗功率。

7. 待机控制

待机控制电路由微处理器 N701、VT703、VT522、VT551、VT554 等元件组成。正常开机收看时,微处理器 N701⑮脚输出低电平 0V,使 VT703 截止,待机指示灯 VD701 停止发光,VT552 饱和导通,VT551、VT554 也饱和导通,电源 B4 提供 24V 电压,电源 B6 提供 12V 电压,电源 B7 提供 5V 电压。电源 B6 控制行振荡电路,B6 为 12V,使行振荡工作,行扫描电路正常工作处于收看状态。同时行激励、N101、场输出电路都得到电源供应正常工作,电视机处于收看状态。

待机时,微处理器 N701⑮脚输出高电平 5V,使 VT703 饱和导通,待机指示灯 VD701 发光,VT522 截止,VT551、VT554 失去偏置而截止,电源 B4 为 0V,B6 为 0V,B7 为 0V,行振荡无电源供应而停止工作,行扫描电路也停止工作,同时行激励、N101、场输出电路都停止工作,电视机处于待机状态。

8. 保护电路

(1)输入电压过电压保护

VD519、R523、VD518 组成输入电压过电压保护电路,当电路输入交流 220V 电压大幅提高时,使整流后的＋300 电压提高,VT513 在导通时①端和②端绕组产生的感应电动势电压升高,VD519 击穿使 VT512 饱和导通,VT513 基极被 VT512 短路而停振,保护电源和其他元件不受到损坏。

(2)尖峰电压吸收电路

在开关管 VT513 的基极与发射极之间并联电容 C517,开关变压器 T511 的③端和⑦端绕组上并联 C516 和 R525,吸收基极、集电极上的尖峰电压,防止 VT513 击穿损坏。

7.1.9　系统控制电路

三洋 LA76810/LA76818 机心使用的微处理器型号为 LC8633XX 系列 CPU,是日本三洋公司推出的 8 位单片微处理器,该系列产品主要包含 LC863316A、LC863320A、LC863324A、LC863528A、LC863332A 等芯片。这些芯片的硬件结构基本相同,只是内部 ROM 的容量不同而已,CPU 型号的后两位数实际上反映了芯片内 ROM 的容量,如 LC863316A 的 ROM 为 16KB,LC863320A 的 ROM 却为 20KB,其他依此类推。

1. LC8633XX 微处理器介绍

由于 LC8633XX 系列电路原理基本相同,本小节以 LC863528A 为例介绍其构成的遥控系统。

1)具有全自动、手动及频率微调搜索功能,并可使用"MENU"键直接选台(按 MENU 键 3s,机器会自动进入搜索状态)。

2)预置节目数 130 套(节目号码 0～129)。

3)中/英文显示功能,图文结合的显示方式。

4)具有定时开机及关机功能,并设置开机时的节目号(节目预约)。

5)具有图像效果选择功能及 ZOOM 效果选择功能。

2. LC863324A－SN09/LC863328 的引脚功能

LC863324A－SN09/LC863328 的引脚功能及检修数据见表 7-2。

表 7-2　LC863324A-SN09/LC863328 各引脚功能

引脚	符号	功能说明	电压
2	50/60	场频控制（未采用）	0V
3	SDAO	I²C 数据总线	4.1V
4	SCLO	I²C 数据时钟信号	4.1V
5	GND	地	0V
6	XTL1	外接晶振	0V
7	XTL2	外接晶振	2V
8	VDD	5V 电源	5V
9	KEY IN	键盘控制输入	0.2V
10	AFT IN	AFT 输入	选台时在 0.2～4.5V 变化，2V 时存储频道数据
11	AC DET	电源交流电压检测	正常收看时 2V
12	SECAM	SECAM 控制（未采用）	4.8V
13	RESET	消零复位	5V
14	FILT	滤波器	3.4V
15	开机/待机	开机/待机控制	开机 0V/待机 4.8V
16	LNA	LNA 控制（未采用）	0V
17	场消隐	场逆程脉冲输入	4.6V
18	行消隐	行逆程脉冲输入	3.8V
19	红	红字符输出	0V
20	绿	绿字符输出	0V
21	蓝	蓝字符输出	0V
22	BLAHK	字符消隐	0V
23	SIF	中频频率选择（未采用）	5V
24	静音	静音控制（未采用）	0V
25	ENABLE	ENABLE 控制（未采用）	4.8V
26	S-VHS	S 端子选择（未采用）	0V
27	SD	复合同步信号输入	0.5V
28	IR	遥控信号输入	4.5V
29	VOL-R	声道选择（未采用）	0V
30	VOL-L	声道选择（未采用）	0V
31	WOOFR	WOORF 控制（未采用）	0V
32	VT	调谐控制	0～5V

续表 7-2

引脚	符号	功能说明	电压
33	AV2	视频 AV2 切换（未采用）	0V
34	AV1	视频 AV1 切换（未采用）	0V
35	BAND(VL)	波段控制	VHF-L 波段时为 5V；UHF、VHF-H 波段时为 0.2V
36	BAND(VH)	波段控制	VHF-H 波段时为 5V；UHF、VHF-L 波段时为 0.2V
1	UHF	波段控制	UHF 波段时为 5V；VHF-L\VHF-H 波段时为 0.2V

注：在实际测量中，根据机型及使用的万用表型号不同，所测电压值会有所不同。

3. 遥控系统分析

CPU 的①脚和㉟、㊱脚为波段切换电压输出端，用来控制高频调谐器的工作波段。

CPU 的㉜脚为调谐电压输出端，调谐电压经 VT701 放大和三节 RC 积分滤波后，送至高频调谐器的 TU 端，用来选取频道。

㉙、㉚脚为音量控制端，音量控制电压经倒相放大和 RC 滤波后送到功放块，以调节音量的大小（此机未用）。

⑮脚为待机控制端，正常工作时，该脚电压为高电平（5.0V），待机时为低电平，待机电压主要用来控制 12V 及 24V 电源的通断。

⑥脚和⑦脚外接 32kHz 振荡网络，为内部时钟发生器供基准时钟信号。内部时钟发生器采用 PLL 锁相方式，④脚外接的网络为 PLI 环路滤波器，可将环路中的误差电压变为直流电压，用来锁定时钟发生器的工作频率。

⑨脚外接本机键盘，常设六七个按键。

⑬脚为 CPU 的复位端，刚开机时，CPU 的＋5V 供电电压还未升到足够值，VD703 截止，VT702 也截止，⑬脚为低电平，系统开始复位。当＋5V 上升到稳定值时，VD703 导通，VT702 饱和，13 脚电压变为高电平（5.0V），系统复位结束。

⑰脚和⑱脚分别为行、场逆程脉冲输入端，输入的逆程脉冲用来对字符显示进行定位，使字符能显示在扫描正程。LC8633XX 系列 CPU 的字符振荡器均为内藏式，无须外接字符振荡网络。字符数据在字符时钟的控制下，从字符 ROM 中读出，再在行、场逆程脉冲的同步下，从㉑脚、⑳脚及⑲脚输出，并送至小信号处理器，用于字符挖框的字符消隐信号从 CPU 的㉒脚输出，也送到小信号处理器。字符挖框信号的作用是控制小信号处理器中的 TV/TEXT 开关，使得在字符显示期间，小信号处理器能将字符信号送到视放板；在无字符显示期间，小信号处理器便将图像信号送到视放板。字符挖框信号仅在字符显示期间为高电平，而无字符显示期间为低电平。

㉗脚为电台识别信号输入脚，电台识别信号取自小信号处理器 LA76810 的㉒脚，它由复合同步信号担任。当 CPU 的㉗脚有同步信号时，CPU 判断为有节目，

否则判断为无节目。⑩脚为 AFT 电压输入端,用来确定精确的调谐点。在全自动搜索时,当系统搜到节目后,就会有电台识别信号送入 CPU 的㉝脚,CPU 接收到同步信号后,就放慢调谐速度,并检测⑭脚输入的 AFT 电压。当 AFT 电压显示调谐最准确时,CPU 就发出存储指令,将节目的有关信息存入到 EEPROM 中。

CPU 的㉔脚为静噪电压输出脚,无信号或按静音键时,该脚输出高电平,从而将伴音音量关闭(此机未用)。

CPU 上引出 I²C 总线,一组从③脚、④脚引出,用来挂接 EEPROM(AT 24C04),CPU 与存储器之间的数据交换是通过这组总线进行的;同时挂接小信号处理器(LA76810/LA76818),CPU 通过这组总线将控制数据传送给小信号处理器,以对小信号处理器进行控制,同时 CPU 还通过这组总线从小信号处理器中读出各种应答信息,以对小信号处理器进行实时监控。

4. 存储器

存储器是 24C04,为 ATMEL 公司的 24CXX 系列存储器支持 I²C 总线数据传送协议。该类器件采用⑧脚 DIP SOIC 或 TSSOP 封装,性能优良,在彩电上面得到了非常广泛的应用。它们具有 100 万次的可编程/擦除周期,掉电可保存数据 10 年。工作电压范围 1.8~6.0V,采用低功耗 CMOS 技术,FSCL=100kHz 时,电源电流最大达 3mA。24CXX 系列存储器各引脚功能为:

①、②、③脚分别为 A0、A1、A2 器件地址输入端,这些输入脚用于多个器件级联时通过器件地址输入端 A0、A1 和 A2 的不同接法来设定地址。可以实现将最多 8 个 24C01、24C02 或 4 个 24C04,2 个 24C08 连接到总线上。彩电设计中一般只用一片存储器,但是这三个引脚却不是全都悬空或连接到 VSS 端。由于每种 CPU 内部程序设定分配的存储器地址都有所不同,所以在各型彩电中,这三个引脚接法也不一样。比如在 TCL 超级单片系列机型里,存储器的⑧脚就是通过一个 4R7 的电阻接+5V 的。在 CPU 采用 TCL M19V2P-Z 或者 MNlOIC46 的机型里,存储器的①脚又是直接接+5V 的。在采用 TCL-D2912U 机型里,存储器 24C04 的②脚就是直接接到+5V 的。也就是说,存储器在不同机型里面的地址脚接法是受 CPU 程序设定而固定不变的。在维修过程当中,一定要事先核对好各脚接法,不能想当然改变。否则 CPU 因找不到存储器而得不到应答信号或者存储器地址与其他器件地址冲突造成机器不能正常开机、死机及其他一些奇特故障现象。

④脚 VSS 端,直接接电源地。

⑤脚 SDA 串行数据/地址。双向串行数据/地址脚用于器件所有数据的发送或接收。

⑥脚 SCL 串行时钟。用于产生器件所有数据发送或接收的时钟。

⑦脚 WP 写保护。如果 WP 引脚连接到 VCC 时,所有的内容都只能读(称为写保护)。当 WP 引脚连接到 VSS 或悬空允许器件进行正常的读写操作。在彩电中该脚接 VSS,即取消写保护。写保护操作特性可使用户避免由于不当操作而造

成对存储区域内部数据的改写。

⑧脚电源输入端,彩电中一般接+5V。

7.2　彩色电视机元件安装测试、检修注意事项及常见故障对应的电路

1. 元件的安装及电视机的电路原理、结构和工艺特点

彩色电视机是比较复杂的一种常用电器设备,应首先弄清其电路原理、结构和工艺特点,否则在安装维修中可能扩大故障,损坏机器。在安装元件时,根据印制电路板上元件代号和原理图上的规格,找出相同规格的元件,用万用表测量符合要求后,插入焊接孔中,并焊接。一次性将所有元件全部装好再进行调试,在对彩色电视机调试检修以前,要认真反复地阅读被检修电视机的电路原理图及相关的各种参考资料。熟悉被检修电视机的工作原理、结构和工作特点,各种信号流程及正常状态下各关键点的波形、电压值。在以上准备工作的基础上,根据电视机发生故障的现象确定故障可能发生的范围和相应的排除方法,才能顺利地完成检修工作。彩色电视机电路虽然比较复杂,但元器件质量和可靠性较高,大部分故障都是由一个或几个元件损坏造成的,在检修时要多分析研究,尤其是遇到较疑难的故障,更需要冷静地多分析电路原理,多查找一些相关资料来解决。总之,对彩色电视机的各种电路原理和相关资料了解得越深越透,在检修时才能有充分和可靠的基础。

2. 测试、维修时应注意安全

彩色电视机显像管高压级电压为 20 000V 以上,行输出级的工作电压在100~130V,这些电压大大高于收音机或黑白电视机,因此也就有更大的危险性,测试、维修时应当谨慎小心,注意安全。

1)由于彩色电视机采用 220V 交流电直接整流的开关稳压电源,使用热机心的电视机,电视机底盘是带电的,使用冷机心的电视机,开关稳压电源部分也是带电的,所以在维修时要外接一个 1∶1 隔离变压器。1∶1 隔离变压器可以将电网220V 交流电与电视机之间隔离,防止在测试、维修时发生触电事故和造成测量仪器(如示波器)的损坏。

2)对于使用冷机心的彩色电视机,开关稳压电源部分地线与机心地线是隔离的,开关稳压电源部分的地线称为热地,机心部分的地线称为冷地,两个地线测量时不能通用。测量开关稳压部分电压时要用热地,测量机心部分电压时要用冷地,地线用错将会造成电视机损坏。

3)拆卸和安装电视机后盖及机心电路板时,要在切断电源的情况下进行。对于电路板之间可能发生短路的地方,要用绝缘物隔离。拆下后盖后要注意显像管的稳定,防止发生翻侧而造成显像管损坏。

4)更换电视机上的元器件和用万用表电阻挡对元件进行在路电阻测量时,要

切断电源。

5)彩色电视机通电后,应注意不要用手翻动电路板,不要用手触及高压、电视机的 100～130V 主电源、电源开关管集电极、行输出管集电极及各部分可能发生触电的地方。检修时思想要集中,要记住电视机是通电状态还是无电状态,应该进行何种检查工作,停止检修时要及时关掉电源。

6)测试、检修开关稳压电源时,不要将电源负载全部断开,要接入假负载,以防止击穿电源开关管,也不要提高开关电源输出电压,使行输出级因电压过高而损坏元器件。

7)拆卸高压帽之前一定要切断电源,将高压嘴对地多次放电,确认无电后进行。更换彩色显像管时要戴上不碎玻璃制成的护目镜,用手托住屏面,同时注意管径的安全。彩色显像管锥体外部石墨层要有良好的接地。更换彩色显像管或机心时要将石墨层接地,防止产生新的故障。

8)检修时不要将行、场偏转线圈同时断开,也不要将行逆程电容断开,如果荧光屏出现一个亮点时应关机,防止烧毁荧光屏。

9)彩色电视机多使用大规模的集成电路,引出线较多,引线间距离小,在测量电压时要注意相邻引脚不要相碰,避免造成集成电路损坏,最好测量外围的连接点电压。干扰时也要干扰外围的连接点,这一点在维修时要特别注意。

替换集成电路时应采用相同型号的集成电路,型号不同不能替换。如果查找集成电路手册,证实两个不同型号集成电路的性能、用途、引脚功能和排列完全相同时方可代换。其他各种元器件在更换时应注意规格型号要一致,如果用其他型号的元器件代换,则其电气性能要与原来的元器件相同。

3. 彩色电视机故障现象与对应故障电路范围

1)无光栅、无图像、无伴音(也称为"三无"):①行扫描电路,②电源电路,③微处理器遥控电路和 I^2C 总线电路。

2)无光栅、有伴音:亮度通道、显像管电路、I^2C 总线电路。

3)聚焦不良:显像管电路。

4)行幅不足或过大:①行扫描电路,②电源电路。

5)场幅不足或过大、垂直线性不良、水平一条亮线:场扫描电路、I^2C 总线电路。

6)垂直一条亮线:行扫描电路。

7)光栅有暗角:①偏转线圈位置移动,②纯度与静会聚磁环变动。

8)有光栅、无图像、无伴音:公共通道、微处理器遥控电路。

9)有光栅、有伴音、无图像:①亮度通道、显像管电路,②公共通道。

10)有图像、无伴音或伴音不正常:伴音通道。

11)行不同步:行扫描电路。

12)场不同步:场扫描电路。

13)行、场不同步;同步分离电路。

14)图像对比度或清晰度差:①公共通道,②亮度通道。

15)图像背景杂波点多:公共通道。

16)黑白图像偏色:色度通道、显像管电路。

17)伴音干扰图像:①公共通道,②亮度通道。

18)无彩色:色度通道。

19)彩色不同步:①色处理电路及色同步选通电路,②双稳态、PAL开关电路。

20)彩色爬行(又称百叶窗效应):①梳状滤波器,②双稳态识别电路。

21)单色或缺某一基色:①亮度通道、显像管电路,②色度通道。

22)缺少某一个色差信号:①梳状滤波器,②同步检波器,③解码矩阵电路。

23)色纯度不良:①电源电路,②显像管色纯度与会聚电路。

7.3　单元电路的调试及故障排除

彩色电视机组装调试的步骤是光-图-色-声。按此步骤安装电路,则顺序应为电源电路-遥控系统-行扫描电路-亮度视放显像管电路-场扫描电路-同步分离电路-公共通道电路-色度-伴音电路。由于在各个环节都有可能与遥控有关,所以遥控电路可单独调试,也可以在调试各电路的同时调试遥控电路。

由于各电视机厂家生产的彩电机心与维修用版和实习套件在电路上有一定的区别,所以本节以市场上常见的维修/组装实习用电路为主,讲解电路的调试及故障排除,电路全图参见附图。

7.3.1　电源电路调试与故障排除

彩色电视机采用开关稳压电源,电路比较复杂,所用的元器件较多,电源开关管工作在大电流、高电压的条件下,因此,电源电路也是故障率较高的电路之一。由于电源电路种类繁多,各种牌号彩色电视机的开关电源差异较大,给我们维修带来了一定的难度。尽管各种电源电路结构样式不同,但基本原理是相同的,我们在检修时要熟练地掌握开关稳压电源的工作原理和电源中各种元器件所起的作用,结合常用的检测方法,如在路电阻测量法和电压测量法等,逐步地积累维修经验,就可以较快地排除电源电路的故障。

图7-1所示为电源电路检测原理图。属于并联自激型开关稳压电源,采用光耦直接取样,因此除开关电源电路外底盘不带电,也称为"冷"机心。

检修电源电路时,为了防止输出电压过高损坏行扫描电路元件和显像管、电源空载而击穿电源开关管,首先要将+110V电压输出端与负载电路(行输出电路)断开,在+110V输出端接入一个220V/25～40W的灯泡作为假负载。如果无灯泡也可以用220V20W电烙铁代替。

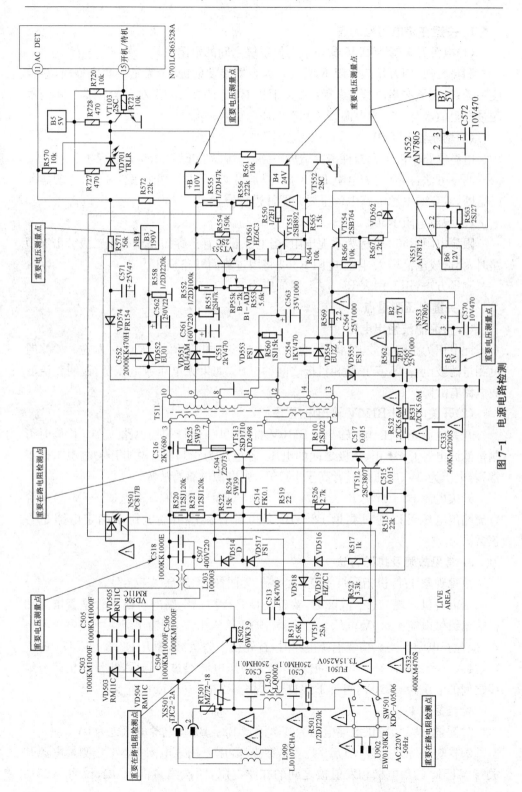

图 7-1　电源电路检测

1. 关键在路电阻检测点

(1)电源开关管 VT513 集电极与发射极之间的电阻

测量方法:用万用表电阻 R×1 挡,红表笔接发射极,黑表笔接集电极时,表针应不动;红表笔接集电极,黑表笔接发射极时,阻值在 100Ω 左右为正常。若两次测量电阻值都是 0Ω,则电源开关和 VT513 已被击穿。

(2)熔断器 FU501

电源电路中由于元器件击穿造成短路时,熔断器 FU501 将熔断保护。

测量方法:用万用表电阻 R×1 挡,正常阻值为 0Ω。如果表针不动,说明熔丝已熔断,需要对电源电路中各主要元器件进行检查。

(3)限流电阻 R502

限流电阻 R502 也称为水泥电阻,当电源开关管击穿短路或整流二极管击穿短路时,会造成电流增大,限流电阻 R502 将因过热而开路损坏。

测量方法:用万用表 R×1 挡,阻值应为 3.9Ω。

2. 关键电压测量点

(1)整流滤波输出电压

此电压为整流滤波电路输出的直流电压,正常电压值为+300V 左右。检修时可测量滤波电容 C507 正极和负极之间的电压,如果无电压或电压低,说明整流滤波电路有故障。

(2)开关电源+B110V 输出电压

开关电源正常工作时输出+B110V 直流电压,供行扫描电路工作。检修时可测量滤波电容 C561 正、负极之间的电压,若电压为+110V,说明开关电源工作正常;若电压为 0V、电压低或者高于+110V,则电源电路有故障。

开关电源 B2+17V、B3+190V、B4+24V、B5+5V、B6+12V、B7+5V,各电源直流输出电压可以通过测量 B2~B7 各电源直流输出端电压来确定电路是否正常。

3. 常见故障及排除方法

故障现象 1:待机指示灯不亮,无光栅、无图像、无伴音("三无")。

当电视机出现"三无"故障时,要首先检测行扫描电路的行输出管是否击穿和行输出级供电端+110V 电压。经检测行输出管未击穿,测输出级供电端电压不正常,应检查电源电路。检修电源电路时,首先接入假负载,断开 R233 与 T471 的连接,接入一个 220V/15~40W 的灯泡,开关稳压电源经过维修后,测量假负载与地线之间的电压为+110V,可拆下假负载,焊上 R233 与 T471 的连接。

检修程序 1:

1)测量+B110V 供电端电压为 0V,测量 B2~B7 各电源电压也为 0V。

2)检查电源开关管 VT513 是否击穿损坏,用万用表电阻 R×1 挡测量电源开关管 VT513 的集电极和发射极之间的在路电阻,两次测量都为 0Ω,说明 VT513

已击穿短路。

3)用在路电阻检测法检查熔断器 FU501 和水泥电阻 R502,这两个元件可能会同时损坏。检测脉宽调整管 VT512,这个元件很有可能损坏。

4)将损坏的元器件拆下,用相同规格的元器件代换。

检修程序 2:

1)测量+B110V 供电端电压为 0V,测量 B2~B7 各电源电压也为 0V。

2)检查电源开关管 VT513 是否击穿损坏,用万用表电阻 R×1 挡测量电源开关管 VT513 的集电极和发射极之间的在路电阻,一次测量表针不动,另一次测量为 100Ω 左右,说明 VT513 未击穿损坏。

3)测量滤波 C507 正、负两端直流电压为 0V,说明整流滤波电路有故障。

4)检测熔断器 FU501 和水泥电路 R502 同时开路或其中一个开路。故障原因有:整流二极管 VD503~VD506 其中一只或多只击穿短路,滤波电容 C507 击穿,消磁电阻击穿短路,熔断器质量不佳自动熔断。

5)测量滤波电容 C507 正、负两端电压为 0V,测量熔断器 FU501、水泥电阻 R502 均无损坏,故障原因有:电源开关 SW501 损坏,插头 U902 至整流电路间连线断路,交流电网电源无-220V 电压。

检修程序 3:

1)测量+110V 输出端为 0V,测量 B2~B7 各电源电压为 0V,测量 VT513 未损坏。

2)测量滤波电容 C507 正、负两端直流电压为+300V,正常,这是由于开关电源停振而引起无输出电压的故障。开关电源停振有时是一种较难维修的故障,原因是影响电路停振的因素较多,因此检修时可按下述故障原因在(1)~(6)条仔细地逐一予以排查。

由于开关电源停振,滤波电容 C507 储存的+300V 电能关机后无放电通路,检修时能给人造成触电危险,因此关机后要注意将电容 C507 放电。放电后也可以在 C507 的正、负极上焊接两个 100kΩ2W 的放电电阻,待开关稳压电源维修好以后再焊下来。

造成电路停振的原因有:

1)起动电阻 R520、R521、R522 开路,振荡器无起动电压。

2)正反馈元件 R519、R524 开路,电容 C514 开路或失效,无正反馈电压。

3)+B110V、B2~B7 各路输出电路出现短路,例如整流二极管击穿、滤波电容击穿短路、负载短路,使开关变压器 T511①-②端的正反馈绕组电压下降而停振。

4)调宽、稳压电路出现故障,将正反馈电压短路,故障原因有 VT512、VT511 击穿短路,光耦合器损坏,VT553 击穿短路及周围相关元件损坏。光耦合器损坏有时测量不出来,可用相同型号的器件替换。

5)电源开关管 VT513 性能下降,放大倍数降低,可以用型号相同的电源开关管替换试验。

6)对可能造成停振的其他元器件逐一检查,如限流电阻 R510 开路,二极管 VD516、VD518、VD519 击穿短路,电阻 R511 开路,开关变压器 T511 内部绕组短路等。

检修程序 4:

1)测量+B 供电端电压为 110V,正常。

2)测量 B5+5V 电压为 0V,说明故障原因是由无+5V 电压引起的。

3)故障原因有:R569 开路,VD554 开路,C564 无容量失效,N553 开路损坏,B5+5V 负载短路(可用断路法分别断开各负载电路检查)。

故障现象 2:待机指示灯不亮,无光栅、无伴音("三无")。经检测行输出管击穿,拆下行输出管接入假负载,测量假负载与地线之间电压为+125V～+175V。

检修程序:

稳压调宽电路出现故障,故障原因为:R555、R552 开路,光耦合器 N501 开路或损坏,VT511、VT512、VT533、VD561 开路损坏。N501 可以用相同规格型号的新件替换试验。

故障现象 3:开机后待机灯亮,按遥控开/关机键,待机灯灭,无光栅,无伴音。

检修程序 1:

1)观察显像管灯丝已点亮,说明电源电路、遥控开关机电路、行电路工作正常。无光栅、无伴音,说明进入了总线保护。

2)排除方法见"I^2C 总线控制接口的总线进入方法、数据调试和检修"中故障现象 1。

检修程序 2:

1)测量+B 电源电压为 0V。

2)故障原因:滤波电容 C561 无容量失效,整流二极管 VD551 开路。

故障现象 4:图像水平幅度小,垂直有 S 状扭曲。

故障原因:

+300V 滤波电容 C507 无容量失效,整流滤波电路输出脉动电压,可用相同规格的电容器替换。

故障现象 5:图像水平幅度小。

检修程序:

1)测量+B 电源供电端电压为 70～90V。

2)检查稳压调宽电路元件,如 R553、R556 开路,VT555、VD561 击穿短路,VT511、VT512、光耦合器 N501 是否性能不良,可以用相同规格型号新件替换试验。

故障现象 6:图像局部色纯度不良。

检修程序:

检查消磁电阻是否产生虚焊和开焊,如有上述故障可进行补焊,消磁电阻失效可以用型号相同的消磁电阻替换。

故障现象 7:开关稳压电源输出略高或略低于+110V。

检修程序:

调整 RP551,使输出电压回到+110V。

注意:由于开关电源受遥控系统控制,电源受遥控系统控制不启动,在检修相关电路或电源时,如需要电源有输出电压,可先短接控制管 VT552 集电极和发射极,强行开机检修。

7.3.2 行扫描电路调试与故障排除

各种彩色电视机的行扫描电路基本相同,它们在电视机中担负着关键的作用,用来产生行频锯齿形电流,使电子束作水平扫描,并提供其他电路所需的低、中、高直流电压,所以其功率消耗占整机的 40% 以上。由于工作在高电压、大电流情况下,因此是电视机故障率最高的电路。

行扫描电路的工作特点是开关电路,因此可用信号干扰法来检查,主要是通过元件在路电阻测量、直流电压测量、直流电流测量来判断故障,图 7-2 为行扫描电路检测原理图。

1. 关键在路电阻检测点

(1)行输出管 VT432 集电极与发射极间电阻

检测方法:用万用表电阻 R×1 挡,红表笔接发射极、黑表笔接集电极时,表针不动(阻值大);黑表笔接发射极、红表笔接集电极时,阻值在 15~20Ω 为正常。若两次测量阻值都为零或接近零,表示行输出管已被击穿短路或其他元件击穿短路。

(2)行激励管 VT431 在路电阻测量

可用在路元件电阻测量法对行激励管进行测量,测量集电结和发射结,检查是否出现击穿短路或断路。

2. 关键直流电压、电流测量点

(1)行输出电路电源供应端+110V

可以测量限流电阻 R233 两端直流电压:

1)电压为+110V 时,说明电源电路正常。

2)若限流电阻 R233 下端有+110V,上端为 0V,则 R233 开路。

3)若无电压(电压为 0V),则行输出电路出现短路或电源电路无输出电压,+110V滤波电容 C561 无容量失效。

4)若电压低于+110V,则行输出级元件出现短路或电源电路输出电压低。

5)若电压高于+110V,则电源电路稳压部分出现故障,应维修电源电路。

(2)行输出管 VT432 基极与发射极间电压为−0.015V

检测行振荡电路,看行激励电路是否提供行频脉冲开关信号。

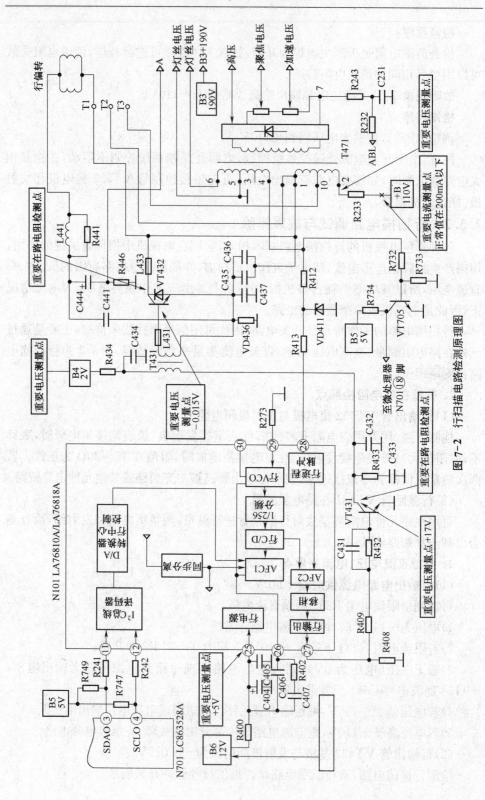

图7-2　行扫描电路检测原理图

(3)行激励管 VT431 集电极直流电压

通过测量 VT431 集电极电压可以判断行激励级是否工作。若正常工作时,集电极电压低于电源电压 17V;行激励级未工作时,集电极电压等于电源电压 26V,如果电阻 R434 开路,集电极也无电压。

(4)行振荡电源供应脚、LA76818A㉕脚电压为 5V

行振荡电路电源由 B6+12V 经电阻 R400 降压后供应。若 N101㉕脚无电压,行振荡电路将停振,行扫描电路将停止工作,其故障为电阻 R400 开路。B6 电源为 0V 时,为遥控开关机电路或电源电路故障。

(5)行输出级工作电流

通过对行输出级工作电流的测量,可以判断出工作是否正常,是否有过载或短路故障。测量时可采用挂表的方法,将电阻 R233 与行输出变压器电源输入脚之间断开后,焊接两根导线,导线绕在表笔上。万用表拨至直流电流 5A 挡测量,这样就使电流表串联接入到电路中,挂表的方法比较安全和便于其他操作。如果电流值小于 500mA,可将万用表挡位换至 500mA 挡。各机型的电流值有所不同,由于本电路行输出级不给其他电路供电,正常电流值应在 200mA 以内。

3. 常见故障及排除方法

故障现象 1:待机指示灯不亮,无光栅、无图像、无伴音。

彩色电视机打开电源开关后,待机指示灯不亮,屏幕上无光栅、无图像、无伴音,这种故障也称为"三无"。这是电视机经常发生的故障,尤其是在炎热的夏季出现较多。发生故障的电路主要在行扫描电路和电源电路,因此应首先从行扫描电路开始检查,重点是测量行输出管 VT432 集电极与发射极之间的电阻和行输出级供电端+110V 电压。

检修程序 1:

1)首先应检查行输出管 VT432 是否损坏。用万用表电阻 R×1 挡测量行输出管 VT432 集电极与发射极之间的电阻。若两次测量电阻值都为 0Ω,说明行输出管 VT432 已击穿。

2)用吸锡烙铁拆下已击穿的行输出管 VT432。

3)在集电极与发射极之间接入一个 220V/25～100W 的灯泡作为假负载,通电后测量假负载与地线之间的电压,若电压为+110V,说明电源电路正常,可关机拆下假负载,换上新的行输出管。如果电压低于+110V 或高于+110V(达到+125～+175),或者无电压(为 0V)时,说明电源电路有故障,应检修电源电路,待电压正常后方可拆下假负载,换上新的行输出管。

检修程序 2:

1)用在路电阻检测法测量行输出管 VT432 集电极与发射极之间的电阻,正、反向测量两次,若一次测量表针不动,另一次测量为 15～20Ω,说明行输出管未击穿。

2)测量行输出供电端+B 电压为 0V,排除方法见 7.3.1 节"电源电路故障排除"中故障现象 1。

故障现象 2:打开电源开关后待机指示灯亮,按动遥控开/关机键待机指示灯灭,但无光栅,无伴音。

打开电源开关后待机灯亮,说明电源电路已工作;按动遥控开/关机键,指示灯灭,说明遥控开关机电路正常;但无光栅、无伴音,故障可能发生的部位为行扫描电路和 I^2C 总线电路。

检修程序 1:

1)检测＋B 电源供电端＋110V 电压正常,观察发现显像管灯丝不亮,说明行扫描电路未工作。

2)检查行激励级,测量行输出管 VT432 基极与发射极之间电压为－0.015V,测量行激励级 VT431 集电极电压为＋17V,行激励级工作正常,故障为 VT432 性能不良,B 值下降,用型号相同的新行输出管更换。

3)测量 VT432 基极与发射极之间电压为 0V,测量 VT431 集电极电压为 0V,说明行激励级出现故障,故障原因有:R434 开路,VT431 击穿或 B4 电源为 0V。

造成 B4 为 0V 的故障原因有:R550 开路,VT551、R565、VT552、R561 开路,C563 无容量失效。

4)测量 VT432 基极与发射极之间电压为 0V,测量 VT431 集电极电压为＋26V 时,用在路电阻检测法检查 VT431,若 VT431 开路损坏,需更换 VT431;如果 VT431 未损坏,说明行激励级未工作,要检查行振荡电路。

5)测量行振荡电源供应端 N101㉕脚电压。㉕脚电压为 0V 时的故障原因有:R400 开路,VT554、VT567、VD562、N551 开路,VT552、R561 开路。

测量 N101㉕脚电压＋5V 正常,但行振荡电路不工作,故障原因有:C404 无容量,集成电路 N101 损坏。

检修程序 2:

1)测量＋B 电源供应端电压在 70～90V,测量行输出级工作电流在 200mA 以上,说明行输出级电路有短路现象。

2)关掉电源,用手检查行输出变压器 T471 温度,发现温度升高或穿孔冒烟,说明故障为 T471 内部绕组短路,需用相同规格型号的行输出变压器更换。

3)若行偏转线圈内部短路,在光线较暗时可以看见跳火的现象,应注意观察。在更换偏转线圈时要使用相同规格型号的,如用其他型号的代换,注意形状要一致。

检修程序 3:

1)测量＋B 电源供应端＋110V 正常,观察显像管灯丝已点亮,说明电源电路、行扫描电路都已正常工作,但无光栅,无伴音。

2)检查 I^2C 总线电路,排除方法见"I^2C 总线控制接口的总线进入方法、数据调试和检修"中故障现象 1。

检修程序 4：

1)测量＋B 电源电压为 0V。

2)排除方法见"电源电路故障排除"中故障现象 3。

故障现象 3：图像水平幅度不足。

在图像的左边或右边，或者左右两边出现黑边。

检修程序 1：

1)测量＋B 电源供应端电压低于＋110V。

2)检修电源电路，见 "电源电路故障排除"中故障现象 5。

检修程序 2：

1)测量＋B 电源供应端电压为＋110V。

2)行逆程电容 C435、C436 电容量下降，行逆程电压升高，显像管高压极电压也升高，使图像缩小，但亮度会提高。可以用耐压高的电容(1500～2000kV)并联。

3)行输出管性能变差，需要用新的行输出管更换。

故障现象 4：图像右边有黑边，并伴有收缩闪动现象。

此种故障也称为行激励不足，是一种常见的故障，但容易被忽视。当行激励级输出的行频脉冲开关信号不能使行输出管完全饱和导通和截止时，光栅右边收缩出现黑边，此故障严重时会损坏行输出管。

检修程序：

1)检查行激励变压器 T431 引脚是否出现虚焊，凡有大电流通过的焊点或发热元件的焊点长期使用后，由于热胀冷缩的原因，焊接处的锡层会发生裂纹，不易发现，但用放大镜放大后可清楚地看到。这种裂纹用万用表电阻挡测量时是通的。但不能通过大电流，称为虚焊。行激励变压器正常工作时会有较大的脉冲电流通过，所以引出脚很容易产生虚焊。

如果出现虚焊点，可以将激励变压器 T431 各引脚补焊，对周围的焊点，如行激励管、R434 的焊点也可进行一些补焊。

2)行激励管性能下降，放大能力不足，可用同型号的好管予以更换。

故障现象 5：垂直一条亮线。

屏幕中间出现一条垂直亮线，这种故障多发生在带枕形校正电路的彩色电视机中。

检修程序：

1)枕形校正变压器与行偏转线圈串联，因此要通过很大的偏转电流，其焊点很容易产生虚焊，可对发生虚焊的焊点进行补焊。

2)可能是行偏转线圈断路，焊点或插座接触不良，S 校正电容 C441 开路或失效，可检测行偏转线圈及连接线、插座、S 校正电容器，对性能不良的元件予以更换。

故障现象 6:图像水平锯齿形干扰。

检修程序:

可检查 AFC 滤波电容 C407,看是否开路或失效。

故障现象 7:图像水平中心位置不正确。

电视机屏幕显示的图像水平位置不正确。

检修程序:

进入部线 ADJUST MENU0 调试状态,调整 H、PHASE 行中心数据,使图像在水平中心位置。

故障现象 8:光栅偏向左右,并有垂直叠加的图像。

这种故障是由于行鉴相器输入的行逆程脉冲信号引起的,故障原因有:R413、R412 开路,VD411 击穿短路,使行逆程信号无法加到 N101㉘脚。

7.3.3　亮度通道及显像电路故障排除

亮度通道将去掉色度信号的亮度信号进行延时放大,供给基色矩阵电路或视频放大兼基色矩阵电路与三个以差信号相加,产生 ER、EG、EB 三基色信号,分别加至彩色显像管的红阴极、绿阴极和蓝阴极,亮度信号也可以独立形成黑白图像。亮度通道中设置了控制亮度信号增益的对比度调节、控制亮度信号钳位电平的亮度调节。在检修时应注意亮度通道到显像管阴极之间是采用直接耦合的。

显像管电路也称为尾板电路,通过管座供给显像管各电极所需的电压,同时安装有 R、G、B 三基色视频放大电路,放大后的三基色信号分别加入彩色显像的红阴极 KR、绿阴极 KG 和蓝阴极 KB,使屏幕产生彩色或黑白图像。图 7-3 所示为亮度通道及显像管电路检测原理图。

1. 关键电压测量点

1)彩色显像管红阴极 KR、绿阴极 KG、蓝阴极 KB 电压。

显像管阴极电压的高低代表了光栅的亮度,电压低,光栅亮度大;电压高,光栅亮度小或无光栅。由于亮度通道与显像管阴极之间采用直耦,如电路中出现故障,必然改变显像管阴极电压,所以在检修时,显像管阴极电压是一个很关键的测量点。

测量方法:用万用表直流电压 250V 挡,分别测量红阴极 KR、绿阴极 KG 和蓝阴极 KB 的电压,在 135~150V 为正常。

2)R 视放管、G 视放管、B 视放管的基极电压。

测量方法:用万用表直流电压 50V 或 10V 挡。分别测量红视放管 VT902、绿视放管 VT913、蓝视放管 VT922 的基极电压,应在 2.5V 左右,以检查视放管的前级电路是否正常。

3)末级视频放大供电端+190V 电压,测量滤波电容 C562 正极电压或尾板电路 XP901①端电压。

4)亮度通道供电端+8V 电压,测量集成电路 N101⑱脚电压。

5)电源 B7+5V 电压,测量 N101㊸脚电压。

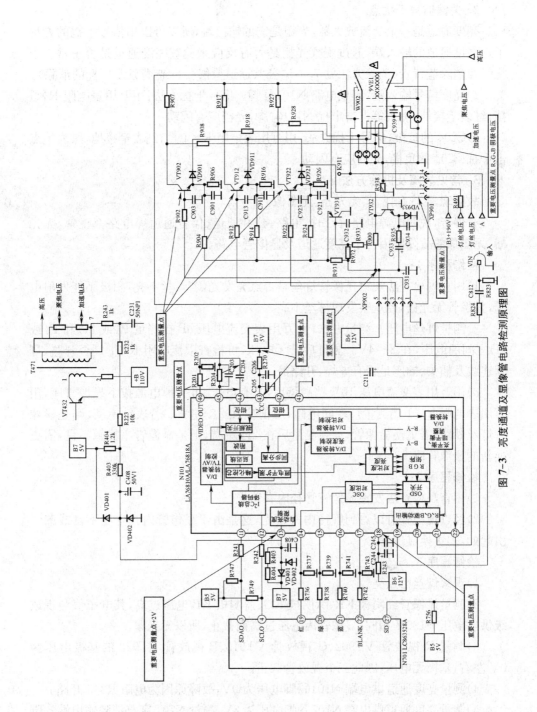

图7-3　亮度通道及显像管电路检测原理图

6)尾板+12V 供电端,测量 XP90 ⑤端电压。

7)自动亮度控制(ABL)电路检测端,测量 N101⑬脚电压,正常值为 2V。

2. 关键信号干扰点

亮度通道是一个交流放大器,光栅是它的输出端,所以可以用信号干扰的方法干扰亮度通道的输入端,通过观察光栅是否有反应来检查亮度通道是否正常。干扰时要消除蓝背景(消除方法见 7.3.5"公共通道检修",1. 蓝背景及厂标的消除)。

1)亮度信号输入端,集成电路 N101㊹脚。信号干扰方法:用万用表电阻 R×1挡,红表笔接地,黑表笔点击干扰 N101㊹脚,光栅应有闪动。

2)C204 的负极,信号干扰方法:用万用表电阻 R×1 挡,红表笔接地,黑表笔点击干扰 C204 的负极,光栅应有闪动。

3. 常见故障及排除方法

故障现象 1:有伴音、无光栅、无图像。

有伴音,说明电源电路、行扫描电路、公共通道、伴音通道等电路都正常,无光栅、无图像的故障原因在于亮度通道及显像管电路。

检修程序 1:

1)用直观检查法观察显像管灯丝是否点亮发光,若灯丝不亮,阴极不能发射电子,显像管无光栅,经观察发现灯丝不亮。

2)测量灯丝电压。测量方法:用万用表交流电压 dB 挡测量 F(或 H)和 F(或H)之间的电压,在 3~4V。测量后若无电压,可检查限流电阻 R491 是否开路,灯丝连线及插头、插座是否有虚焊、开路等。

3)用万用表交流电压 10V 挡测量后,若有电压,可关掉电源拔下显像管座,用万用表电阻 R×1 挡测量灯丝间电阻,阻值应在 2Ω 左右。若表针不动,则是显像管灯丝断路,需更换显像管;如果测量后在 2Ω 左右,则是显像管座接触不良,需更换新的显像管座。

检修程序 2:

1)用直观检查法发现显像管管径内有紫光。

2)经直观检查可以看到管径内有紫光,这是由于显像管内真空度不良或漏气引起的,需更换显像管。

检修程序 3:

1)观察灯丝已点亮。

2)测量显像管红阴极 KR、绿阴极 KG、蓝阴极 KB 电压过高,其电压值与视放级供电电压+190V 相同,显像管因电压过高而截止,所以无光栅。

3)测量 R 视放管 VT902、G 视放管 VT912、B 视放管 VT922 的基极电压为0V 左右,基极无电压,因此三个视放管截止。

4)测量亮度通道供电端 N101⑱脚电压为 0V,故障原因为电阻 R243 开路。

5)测量亮度通道供电端 N101⑱脚电压为 8V,测量 N701 字符消隐输出端㉒脚电压为 0V,故障原因为集成电路 N101 损坏。

检修程序 4:

1)观察灯丝已点亮,测量 KR、KG、KB 电压正常。

2)测量尾板电路加速电压为 0V,故障原因有:加速极电位器位置不对(可调整);加速极引线虚焊;加速极电位器损坏。

故障现象 2:有伴音、有图像、但亮度不足。

伴音、图像都正常,调整亮度控制到最大时,亮度仍然不足。

检修程序 5:

1)测量显像管红阴极 KR、绿阴极 KG、蓝阴极 KB 和加速极 G2 的电压都正常,说明是显像管老化而引起的亮度不足。

对于亮度不足的显像管,可以适当地提高一些加速极 G2。用电压来提高亮度,但加速极 G2 电压不能过高,否则会出现回扫线。

2)测量显像管红阴极 KR、绿阴极 KG、蓝阴极 KB 和加速极 G2 的电压都偏高,测量 N101ABL 控制⑬脚为 0.4V,故障原因有:R404、R403 开路,集成电路 N101 损坏。

故障现象 3:有伴音、有图像,但图像缺一种颜色,图像将明显偏色。遇到这种故障时,可把色饱和度调节到最小,关闭色度通道,显示黑白图像。若黑白图像正常不偏色,则故障是由色度通道故障引起的;若黑白图像仍然偏色,则故障在亮度通道。

排除方法:

如果确认是因亮度通道及显像管电路故障引起的,可测量缺色的阴极电压。如缺红色,测量红阴极 KR 电压,如果电压过高,则是由 R 视放管损坏及前级故障引起的,应对这部分电路进行检修;若 KR 电压正常,则是显像管红阴极 KR 发射能力下降或红阴极断路引起的,需更换显像管。

故障现象 4:黑白图像偏色。

将色饱和度调节到最小,关闭色度通道,光栅显示黑白图像,但颜色偏向某一种颜色。故障原因为亮平衡或暗平衡未调节好。

排除方法:

按照后面介绍的进入维修状态方法进入总线"B/W BALANCE"(黑白平衡调整),调整红偏压、绿偏压、蓝偏压及红驱动、绿驱动、蓝驱动软件数据。调整前要将"C. B/W"(内部信号)调到"1",屏幕显示暗光栅,调整红偏压、绿偏压、蓝偏压软件数据,使暗光栅显示白色光栅。再将"C. B/W"(内部信号)调到"2",屏幕显示亮光栅,调整红驱动、绿驱动、蓝驱动软件数据,使亮光栅显示白色光栅。亮平衡或暗平衡调节好以后,必须将"C. B/W"(内部信号)调到"0",电视机才能正常工作。再按照后面(7.3.8)介绍的退出维修状态方法退出维修状态。

故障现象 5:图像模糊不清。

故障原因为聚焦电压调整不良。

检修程序：

1)调整行输出变压器上的聚焦电压电位器,使图像清晰。

2)如果调整聚焦电位器无效果,则是由于显像管管座绝缘下降引起的,可用相同规格的新管座更换。

故障现象 6：光栅很亮,但无图像,有伴音。

当出现光栅很亮时,要立即关闭电视机进行检修,以避免时间过长损坏显像管。

检修程序：

1)测量显像管红阴极 KR、绿阴极 KG、蓝阴极 KB 电压都为 0V。

2)测量末级视频放大供电端电压,测量滤波电容 C562 正极电压或尾板电路XP901①端电压为 0V。

3)故障原因有滤波电容 C562 无容量失效,＋190V 电压连线开路或虚焊,VD552 开路。

故障现象 7：屏幕局部偏色。

屏幕的某一个角或局部一个边偏色。故障原因为消磁电路故障或色纯度、静会聚与动会聚调整不良。

检修程序：

1)检查消磁电路是否有故障,消磁电阻是否损坏,用消磁器对屏幕进行消磁处理。

2)若检查消磁电路无故障,用消磁器消磁后屏幕局部仍然出现偏色,则是色纯度、静会聚与动会聚调整不良。

3)首先检查偏转线圈位置是否移动。偏转线圈经长期使用后有可能出现松动和向后移动的情况,这种移动虽然不大,但会使会聚变坏,使屏幕局部偏色、旋松偏转线圈紧固螺钉,将偏转线圈前推紧靠橡片木契子,再适当旋紧固定螺钉,但不可旋得过紧。在维修时尽量不要动橡片木契子,因为在业余条件下,很难调整好准确的位置。

4)利用电视信号发生器分别发出绿、红、蓝的单色信号。先调绿色调节色纯度磁环,得到纯净的绿色,再依次调红色和蓝色,因为相互可能影响,要反复调数次,必要时也可调一下 4 极磁环或 6 极磁环。

5)用电视信号发生器播放黑白方格信号,调整 4 极磁环和 6 极磁环,使三色重合在一起。

6)调整会聚时,以不偏色为主,因为人眼对偏色特别敏感,而对于三色不重合的现象分辨力不强,所以应在不偏色的基础上尽量使三色重合。

7.3.4　同步分离及场扫描电路调试与故障排除

同步分离电路从彩色全电视信号中利用幅度分离的方法分离出复合同步信

号,再将复合同步信号分离产生行同步信号和场同步信号,分别控制显像管的行扫描和场扫描与电视台发送端同步。

场扫描电路产生与电视台同步的 50Hz 锯齿波,经 OTL 电路组成的场输出电路放大后,通过场偏转线圈使显像管电子束作垂直扫描。当图像的场同步及垂直扫描部分出现故障时,应检查同步分离及场扫描电路。图 7-4 所示为同步分离及场扫描电路检测原理图。

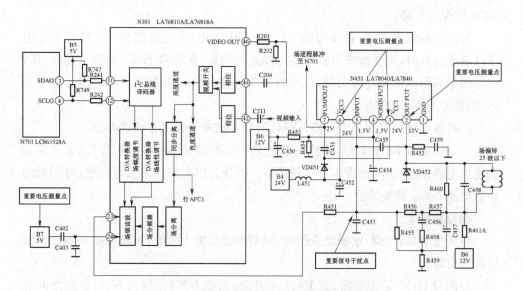

图 7-4　同步分离及场扫描电路检测原理图

1. 关键电压测量点

1)场输出电路电源供电端 LA7840/LA7840 ⑥ 脚和 ③ 脚电压,正常值为 +24V。

2)场输出级 OTL 放大电路中点电压。场输出级 OTL 放大电路采用直耦方式,如果输出级出现故障,其电位关系必然产生变化,OTL 中点电压也随之改变。测量方法:用万用表直流电压 50V 挡,测量 N451 ② 脚电压,正常值为 +12V。

3)锯齿波形成电路供电电压 B7 +5V。

2. 关键信号干扰点

场输出 OTL 放大电路信号输入端 N451 ⑤ 脚。信号干扰方法:用万用表电阻 R×1 挡,红表笔接地,黑表笔点击 N451 ⑤ 脚。

3. 常见故障及排除方法

故障现象 1:水平一条亮线。

在显像管屏幕垂直幅度中心有一条水平的亮线。对于水平一条亮线的故障,首先应初步确定故障是在场振荡、锯齿波形成、预激励级,还是在场输出级,可以用信号干扰的方法来确定。信号干扰方法:用万用表电阻 R×1 挡,红表笔接地,黑表笔点击 N451⑤脚,若水平亮线上下闪动,故障可能在场振荡、锯齿波形成、预激励级;如果水平亮线上下不闪动,故障可能在场输出级。

　　检修程序 1:

　　1)信号干扰法干扰 N451⑤脚,水平亮线不上下闪动,说明故障可能发生在场输出级。

　　2)测量电源供应端 N451⑥、③脚电压,正常值为+24V;若无电压,则故障为 L451 虚焊或开路。

　　3)测量场输出 OTL 放大电路 N451②脚中点电压,正常值为+12V 左右。电压过高或过低时,应先检查引脚外接元件是否损坏,再测量 N451 的④、⑦脚电压,如与图纸所示电压相差较大时,可检查各脚外围元件是否损坏。若外围元件无损坏,则故障为 N451 损坏。

　　4)检查场偏转线圈是否开路,连接线、插头插座是否开路或虚焊等。

　　5)取样电阻 R459 开路,直流负电阻 R456、R457 开路,偏置电阻 R453 开路都会使场电路停止工作,出现水平一条亮线。若通过以上检查未发现问题,可用新的集成电路 N451 替换试验。

　　检修程序 2:

　　1)干扰 N451⑤脚,水平亮线闪动,说明场输出级无故障,故障发生在场输出级以前的电路。

　　2)测量 R451 是否开路,若 R451 未开路,检查 N101㉓脚到 N451⑤脚之间连线是否开路或虚焊。

　　3)测量锯齿波形成电路供电电压 B7,若 B7 电压为 0V,则故障原因为 N552 开路;如果 B7 电压+5V 正常,则故障原因为 N101 损坏,可用新的集成电路 N101 替换试验。

　　故障现象 2:垂直线性不良。

　　图像上部压下部伸长或下部压缩、上部伸长。

　　检修程序:

　　1)若垂直线性不良的现象并不严重,可按照后面(7.3.8)介绍的进入维修状态方法进入总线"ADJUST MENU 0",调整"V. LINE"(场线性)数据。如果出现严重的垂直不良现象,为场输出电路故障引起的。

　　2)检查交流负反馈电路是否开路,如 R455、R458 开路都会引起垂直线性不良。

　　3)检查滤波电容 C452 是否无容量失效,C452 损坏也会引起此类故障。

　　4)检查耦合电容 C457 是否电容量下降,可以用规格相同的电容器并联试验。

　　故障现象 3:图像上部有回扫线。

排除方法：

这种故障是由于逆程电压提升电容 C451 无容量失效引起的，用新的相同规格元件更换即可消除。

故障现象 4：有图像、有伴音，但图像为垂直窄幅图像。

检修程序：

1)测量电源输入⑥脚电压为＋24V 正常，测量③脚电压为 20V，低于工作电压。

2)检查外围元件，若测量 VD451 开路，可用规格相同的二极管更换。

3)检查耦合电容 C457 是否断路或无容量失效，可以用规格相同的电容器关联试验。

故障现象 5：有图像、有伴音，但图像垂直幅度不足或过大。

排除方法：

可按照后面(7.3.8)介绍的进入维修状态方法进入总线"ADJUST MENU 0"，调整"V. SIZE"(场幅)数据。

7.3.5　公共通道电路调试与故障排除

公共通道由高频调谐器、预中放、声表面波滤波器、中频放大、视频检波器等电路组成。它接收天线输入的高频电视信号，输出彩色全电视信号和伴音第二中频信号，由于该电路同时对图像高频信号和伴音高频信号处理和放大，故称为公共通道。电路中还设置了 AGC 电路和 AFT 电路，以保持输出信号的稳定。公共通道的性能决定了整机图像和伴音信号的质量。图 7-5 所示为公共通道检测原理图。

1. 蓝背景及厂标的消除

如果公共通道出现故障，就不能输出彩色全电视信号，使微处理器字符输出电路失效。为消除蓝背景和厂标，方法是将电阻 R729 断开。

断开微处理器 N701 的字符输出电路，方法是将电阻 R736、R738、R740、R742 同时断开，即可消除蓝背景和厂标。

通过以上方法可以消除蓝背景和厂标，但也无字符显示。维修完公共通道后，再将断开的电阻接入到电路中。

2. 关键电压测量点

1)中放集成电路供电端电压、N101⑧脚电源供应脚，正常值为＋5V。

2)高频调谐器主要端子电压：

①BM1 端子：V 混频/U 中放电路供电电压，正常值为＋5V。

②BT 端子：调谐电压，调谐时应在 0～30V 变化。

③BL、BH、BU 波段转换端子电压，应符合表 7-4 所示电压。

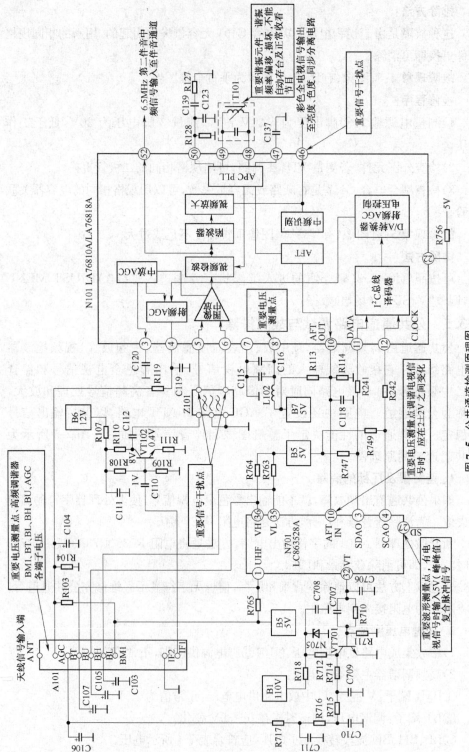

图 7-5　公共通道检测原理图

表 7-4　BL、BH、BU 波段转换端子电压

接收频段	BL	BH	BU
VHF-L	5V	0V	0V
VHF-H	0V	5V	0V
UHF	0V	0V	5V

④AGC 端子:高放 AGC 控制电压,无信号时为 4V 左右,有信号后电压将下降到 2.5V 左右。

3)AFT 控制电压,范围在±2V 之内,可测量 N701⑩脚电压。

3. 关键信号干扰点

1)中放集成电路视频信号输出端。信号干扰方法:用万用表电阻 R×1 挡,红表笔接地,黑表笔点击 N101㊻脚,光栅应闪动。

2)中放集成电路中频信号输入端,信号干扰方法:用万用表电阻 R×10 或 R×100 挡,红表笔接地,黑表笔点击 N101⑤或⑥脚,光栅应闪动。

4. 常见故障及排除方法

故障现象 1:有光栅、无图像、无伴音、无雪花点。

彩色电视机无信号时有深浅明显的雪花点,如果有光栅、无图像、无伴音,光栅上无雪花点,这种故障也称为"白板"。

检修程序:

1)检查微处理器遥控系统是否处于视频(AV)状态,按动机前的 AV/TV 键或遥控器上的 AV/TV 键,将电视机转换到电视(TV)状态。

2)测量中放集成电路供电端 N101⑧脚电压,正常值为+5V,若无电压则为 B7 电源出现故障。

3)用信号干扰法干扰 N101㊻脚,若光栅无闪动,故障为 R201 开路、C204 无容量失效或 N101 视频放大部分损坏。若光栅闪动,说明视频放大部分正常。如果有 VCD 或录像机,可以在视频输入插孔输入视频(AV)信号,再按动 TV/AV 键,检查视频放大部分有无故障。

4)用 R×10 挡或 R×100 挡干扰 N101⑤脚或⑥脚,若光栅无闪动,则故障为 N101 中频放大部分损坏。

故障现象 2:有光栅,无图像、无伴音,有雪花点。

检修程序:

1)干扰 N101㊹脚光栅有闪动,说明 N101 视频放大部分正常。

2)用万用表 R×10 或 R×100 挡干扰 N101⑤脚或⑥脚,光栅闪动则 N101 中放电路正常,光栅无闪动则 N101 中放部分损坏。

3)断开高频调谐器 IF1 与 C110 之间的连接,用信号干扰法干扰 VT102 的基极,若光栅闪动说明预期放级、声表面波滤波器正常,光栅无闪动说明这两级电路出现故障,在检查后应将断开的高频调谐器 IF1 与 C110 之间重新连接。

4)对于声表面波滤波器的检查,若无专用的检查仪器则很难检测声表面波滤波器的好坏,也不能用信号干扰法。如有规格相同的声表面波滤波器,则可以替换试验;若无替换件,可采用电容接在声表面波滤波器输入输出端,信号跨越后若光栅有图像,则声表面波滤波器损坏,需更换;若光栅仍然无图像,需在前级继续检查。

5)预中放电路检查,测量 VT102 各级电压,若电压不正常,为 VT102 损坏或外围电阻开路;若各级电压正常,则要检查 C110、C112 是否开路。如果 VT102 不良,也会造成不能放大信号,可以用相同型号的晶体管替换试验。

6)高频调谐器的检查。检查高频调谐器时,先要测量接入各端子的电压是否正常。

①测量 BT 端子电压。按动遥控器的微调"+"、微调"一"键,电压在 0~30V 变化为正常,无电压会产生无图像、无伴音的故障,应重点检查+30V 供电电路,检查稳压二极管 N705 是否击穿、电阻 R718 是否开路等,然后再检查微处理器 BT 电压控制电路是否有故障。

②测量 AGC 端子电压。高频调谐器高放 AGC 采用反向 AGC 控制,无信号时 AGC 端子电压为 4V 左右。若电压很低,将产生无图像、无伴音的故障,可按照后面(7.3.8)介绍的方法进入总线的"ADJUST MENU 1",调整"RFAGC"(高放 AGC)软件数据,使无信号时 AGC 端子电压为 4V。

③测量 BL、BH、BU 各端子电压,电压值应符要求。若无电压,会产生无图像、无伴音的故障,应检查频段转换电压控制电路。

④测量 BM 端子电压,正常值为+5V。若无电压,高频调谐器 V 混频/U 中放电路将不工作,产生无图像、无伴音的故障。

⑤如果测量高频调谐器以上各端子电压值正常,应检查天线输入连线、插头,外接天线及连线、插头、插座是否有短路或开路。若天线部分无故障,则更换高频调谐器。如有电视信号发生器,可以发射电视信号,通过高频调谐器输入端的接收来检查高频调谐器是否有故障。

故障现象 3:图像雪花点大。

电视机可以接收到电视信号,但图像雪花点大,这种现象属于软故障,产生故障的因素较多,要仔细地进行检查。造成此故障的原因为天线输入信号弱和电视机灵敏度低,这两方面都应注意检查,以免发生错误的判断。

检修程序

1)检查接收环境,看电视信号场强是否偏弱,可观察了解周围电视机的接收效果。

2)检查天线、馈线,看机内天线连接线是否出现开路、接触不良等故障使电视信号减弱。

3)测量高频调谐器 AGC 端子电压,无信号时为 4V 左右,若电压低,高放级放大量减少,图像会出现雪花。打开总线,调整高放 AGC 软件数据,使 AGC 端子电压无信号时为 4V 左右。

如果高频调谐器 AGC 端子电压正常,则需用相同规格的高频调谐器替换试验。

4)若预中放管 VT102、声表面波滤波器 Z101 性能不良,可用相同规格的元件替换试验。

5)若中放集成电路 N101 放大量下降,可用相同型号的集成电路替换试验。

故障现象 4:缺少一个频段,而其他两个频段正常。

电视机接收电视信号时有三个频段,即 VHF-L、VHF-H、UHF。其中的一个频段无电视节目,而其他两个频段接收正常。

故障原因:频段转换电路或高频调谐器损坏。

检修程序:

测量缺少频段节目的高频调谐器端子电压。例如,缺少 UHF 频段节目,测量高频调谐器的 BU 端子电压,若接收 UHF 频段节目时,BU 端子无+5V 电压,故障为频段转换电路;若有+5V 电压,则为高频调谐器损坏,需更换。

故障现象 5:自动搜集、手动搜索不能存储电视节目。

启动自动搜索或手动搜索程序,搜索后可以调谐到电视节目,但不能存储电视节目。

故障原因:

微处理器 N701 在执行自动搜索程序时,由㉟、㊱、①脚先后输出频段电压,32 脚输出调谐电压。在调谐过程中接收到电视信号时,N101㉒脚向 N701㉗脚输出 5V(峰峰值)复合同步信号,表示已接收到电视信号,同时 N101⑩脚向 N701⑩脚输出 2±2V 的 AFT 电压,用于确定精确调谐点并存储此时的频段和调谐电压数据。如果这两个信号中有一个没有输入到微处理器 N701,微处理器将不能存储调谐数据。

检修程序:

1)测量 N701⑩脚的 AFT 电压。调谐到电视信号时应在 2V 左右范围内变化,如果调谐到电视信号后,电压只在 0V 附近或 4.5V 附近不动或小幅变化,说明 AFT 电路未工作。

2)由于 AFT 电路的误差检测所需的 38MHz 方波信号和 90°移相信号都取自 38MHz 锁相环(PLL)电路,所以 38MHzPLL 电路出现故障也会使 AFT 电路不能工作。在 38MHzPLL 电路中,谐振回路 T101 的 38MHz 谐振频率是否准确起着非常关键的作用,如果 T101 的谐振频率偏离 38MHz 较多,超出了 PLL 电路的锁相范围,38MHzPLL 电路将不能正常工作,那么 AFT 电路同样不能正常工作,因此在检修此类故障时要重视对 T101 的检查。在长期工作的过程中,T101 中的电感量和电容量都会产生变化,从而使谐振频率产生变化,电容器也有可能因无容量失效而造成 T101 损坏。

　　T101 需要专用的仪器才能校准 38MHz 谐振频率,但根据 38MHzPLL 锁相原理,也可以调准 T101 38MHz 谐振频率。调整方法为:启动自动搜索程序,上下仔细微调 T101 中的磁心,如果微调后能自动存储电视节目,则是由于谐振频率偏差引起的。若上下调整仍不能存储电视节目,可用一个新的谐振频率为 38MHz 的 T101 替换。若替换后可以存储电视节目,则故障原因为原来的 T101 损坏;若替换后仍无 AFT 电压且不能存储电视节目,则需更换集成电路 N101。

　　3)若测量 AFT2±2V 电压正常,自动搜索仍不能存储电视节目,可用示波器测量 N701㉗脚有无 5V(峰峰值)复合同步信号,有电视信号时无复合同步信号,故障为 N101 损坏;有电视信号时有 5V(峰峰值)复合同步信号而不能存储电视节目,故障为 N702 或 N701 损坏。

　　如果 AFT2±2 电压正常,只是 N701㉗脚无复合同步信号,虽然不能自动搜索存储电视节目,但不影响用微调＋或微调－方式存储电视节目。因此通过微调＋或微调－方式存储电视节目,也可以正常收看。

7.3.6　色度通道电路调试与故障排除

　　色度通道从彩色全电视信号中取出色度信号并加以放大,通过色度解码电路产生三个色差信号 KR－Y、EG－Y、EB－Y。三个色差信号与亮度信号相加,得到三基色信号 ER、EG、EB,加至彩色显像管的阴极,使屏幕显示出丰富多彩的图像。

　　色度通道包括色度放大、副载波恢复电路、PAL 开关电路、同步解调器、梳状滤波器和矩阵电路,其工作原理和电路都比较复杂。由于集成电路的使用,大部分解码电路都集成在集成电路中,使解码电路有了很大的简化。新型单片彩色电视集成电路将 IH 基带延迟线也制作在集成电路内,外围电路只有 4.43MHz 石英晶体,这些变化都给维修带来了方便。检查时重点应放在解码电路工作时所需要的各种信号条件,再对这些条件进行检查和跟踪,从而找出发生故障的元器件。图 7-6 所示为色度通道检修原理图。

　　1. 关键电压测量点

　　1H 延迟线供电端,测量 N101㉛脚电压,正常值为 4。

　　2. 关键元件检查点

　　G201 S 4.43MHz 石英晶体。

　　3. 常见故障及排除方法

　　故障现象 1:可以接收到黑白图像和伴音,色饱和度调节至最大也无彩色。

　　检修程序:

　　1)用新的 4.43MHz 石英晶体更换原来的 G201 S 4.43MHz 石英晶体,若彩色正常,为 G201 损坏。

　　2)若更换 G201 后无效果,仍无彩色,故障为 N101 色度解码部分损坏,可用相同型号的集成电路替换 N101。

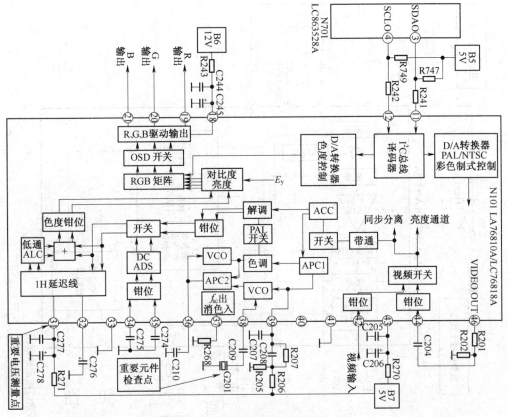

图 7-6 色度通道检修原理图

故障现象 2:有彩色图像,但图像为紫色,伴音正常。

在检修色度通道故障时,要注意检查黑白图像。当出现彩色缺色、彩色不正确等故障时,先要将色度调节到最小,关闭色度通道,使图像显示黑白图像。若是黑白图像正常,则是色度通道出现故障;如果黑白图像也缺色或偏色,则是亮平衡电路或末级视频放大电路出现故障。

检修程序:

1)将色饱和度调节到最小,关闭色度通道,使光栅显示黑白图像。若黑白图像正常,则为色度通道故障。

2)测量 N101 ㉛脚电压,正常值为+4V。如果电压为 0V,故障原因为 R271 开路;若㉛脚电压正常,为+4V,故障原因为 N101 内部损坏,可用相同型号的集成电路替换 N101。

7.3.7 伴音通道电路调试与故障排除

伴音通道由伴音中频滤波、中频限幅放大器、鉴频器、直流音量控制、低频功率放大器等电路组成,它将公共通道输出的 6.5MHz 第二伴音中频信号取出,经限幅放大、鉴频产生低频伴音信号,再经过低频功率放大器放大后在扬声器中发出声音,图 7-7 所示为伴音通道检测原理图。

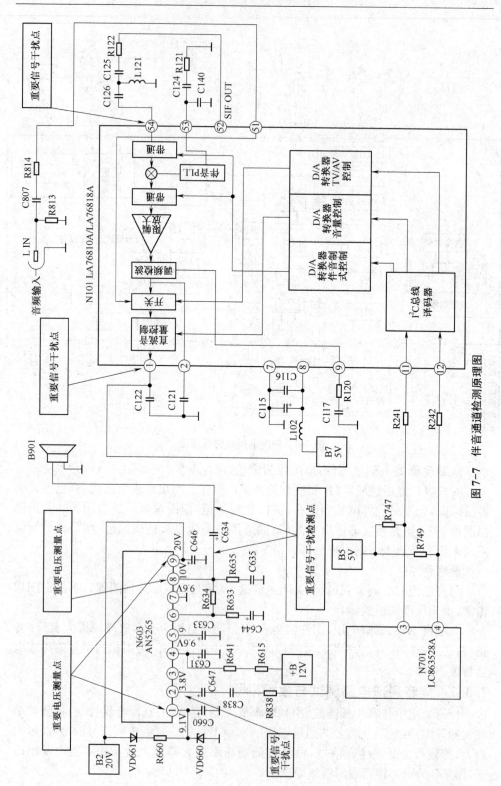

图 7-7　伴音通道检测原理图

1. 关键电压测量点

1）低频功率放大器电源供应端为 AN5265⑨脚，正常值为＋20V。

2）前置放大器电源供应端为 AN5265①脚，正常值为＋9.1V。

3）OTL 低频功率放大器中点电压为 AN5265⑧脚，正常值为＋10V。

2. 关键信号干扰点

1）低频功率放大器信号输入端，干扰方法：用万用表 R×1 挡，红表笔接地，黑表笔点击 AN5265②脚 N101①脚，扬声器应有"咯咯"声。

2）电容器 C634、扬声器 B901 的干扰检测，干扰方法：关掉电视机电源，用万用表电阻 R×1 挡，黑表笔接地，红表笔点击 C634 的两端，扬声器应有"咯咯"声。

3）中频放大器信号输入端，干扰方法：用万用表电阻 R×1 挡，黑表笔接地，红表笔点击 N101㊹脚，扬声器应有"咯咯"声。

3. 常见故障及排除方法

故障现象 1：有光栅、有图像，无伴音。

光栅和图像都正常，伴音制式正确，音量控制到最大，但没有伴音。

检修程序 1：

1）用信号干扰法干扰 AN5265②脚，扬声器无"咯咯"声，说明无伴音是由低频放大器损坏引起的。

2）关闭电源，用万用表电阻 R×1 挡，一个表笔接地，一个表笔分别点击电容器 C634 两端，扬声器有"咯咯"声，说明 C634、扬声器无故障。干扰时若无"咯咯"声，则故障为 C634 无容量失效、扬声器连接线开路，扬声器 B901 损坏。

3）测量低频放大器电源供应端，AN5265⑨脚电压为＋20V，无电压的故障有：R562 开路，VD555 开路，C565、C646 无容量失效。测量 AN5265①脚电压为 9.1V，无电压的故障有：R660 开路，VD661 开路，VD660 击穿短路。

4）测量 OTL 低频功率放大器中点电压，AN5265⑧脚电压为＋10V，测量后电压很高或很低时，检查 R634 是否开路，R634 开路会使⑧脚电压达到＋20V；若 R634 阻值正常，则需更换集成电路 AN5265。

5）若检测电压和外围元件都无异常情况，且干扰②脚无"咯咯"声，也可以判断 AN5265 损坏。

检修程序 2：

1）用信号干扰法干扰 AN5265②脚，扬声器有"咯咯"声，说明低频放大器无故障。

2）用信号干扰法干扰 N101①脚，扬声器无"咯咯"声的故障为：R838 开路、电容器 C838、C647 无容量失效；扬声器有"咯咯"声则需检查中放电路。

3）将音量控制调整到最大，伴音制式调整到 6.5MHz，用信号干扰法干扰 N101㊹脚，若有"咯咯"声则故障为 R122、C125、C126 开路；若扬声器无"咯咯"声则故障为 N101 伴音中放部分损坏,可用相同型号集成电路 N101 替换。

故障现象 2:有光栅、有图像,伴音声音小。

检修程序:

1)检查 C644 是否无容量失效,电阻 R633 是否开路,检查电容器 C634 容量是否下降。

2)检查 R641、R615 是否开路。

3)更换扬声器 B901,或用相同型号集成电路 N603、N101 做替换试验。

7.3.8 微处理器遥控、I²C 总线控制电路调试与故障排除

前面讲过 LA76810/LA76818 机心使用的微处理器型号有 LC863324A-5S15、LC863324A-5N09、LC863328A-5S15、LC863320A-5M99、LC863320A-5R76、LC863324A-5S02、LC863348A、LC863324A-5W21 典型电路分析时是以 LC863324A-5N09 为例分析的,下面再以 LC863528A 应用电路讲解其 LC863 系列电路的检测与维修。

1. 微处理器遥控、I²C 总线控制电路故障排除常识及重点测试点

微处理器遥控电路以微处理器为核心,通过数字信号的处理来完成各种控制功能。数字信号的工作过程与模拟信号的工作过程有所不同,因此在检修时要注意数字电路的特点。

(1)熟练掌握微处理器遥控、I²C 总线控制电路图及工作原理

是否能够熟练掌握微处理器遥控、I²C 总线控制电路图及工作原理,是维修好遥控电路的关键。因此要深入地了解彩色电视机的工作原理与微处理器遥控、I²C 总线电路之间的联系,以及控制原理和操作过程,这些都是维修工作的基础。

(2)掌握微处理器遥控电路的特点和测量方法

微处理器遥控电路的核心是微处理器,微处理器是通过数字信号处理来实现对电视机各种功能的控制的。微处理器与 EEPROM 存储器和各接口电路之间传输的是数字信号,这种信号传输速度快、时间短,也不具有周期性,用万用表和一般示波器是测量不出来的。虽然看不到微处理器内部是如何处理信号的,但处理结果还是要通过微处理器的相关引脚输出来实现控制功能,因此掌握了对相关输出控制引脚的测量方法,也就可以判断出微处理器是否发生故障。

微处理器输出的控制信号有:

1)高、低电平的开关控制信号,输出高电平(H)时电压为+5V 代表 1,输出低电平(L)时电压为 0V 代表 0,因此用万用有测量电压的高低便可知有无控制信号输出。比如有无遥控开/关机控制信号、频段切换控制信号、TV/AV 转换控制信号等。

2)D/A 数字、模拟转换器输出的脉冲宽度调制(PWM)控制信号,这些信号可以用万用表测量出平均值,其电压在 0～5V 或 5～0V 变化。比如选台数字调谐电压。

3)I²C总线控制信号,微处理器通过 I²C 总线向 EEPROM 存储器、被控集成电路传送各种地址和数字控制信号,被控集成电路、EEPROM 存储器经 I²C 总线向微处理器传送应答信号和数字控制信号。对 I²C 总线电路的检查可以用万用表测量总线电压,看总线电压是否抖动,从观察总线故障显示和总线保护等方面入手。只要掌握了 I²C 总线工作的规律,就可以很快地判断出故障发生的原因和部位。

(3)利用接口检修微处理器遥控、I²C 总线电路

微处理器电路分为六个接口,即基本接口、调谐存储接口、I²C 总线控制接口、遥控开/关机及 TV/AV 控制接口、按键输入/遥控输入接口和屏幕显示接口。根据微处理器遥控电路的故障现象去检查相关的接口,微处理器遥控、I²C 总线故障与接口的对应关系见表 7-5。

表 7-5　微处理器遥控、I²C 总线故障与接口的对应关系

故障现象	可能产生故障的接口
打开电源开关,待机灯亮,按开/关机键不开机	基本电路接口、按键输入、遥控输入接口微处理器、微处理器遥控开关机接口、I²C 总线接口
调谐存储不存台或调谐不准确	调谐存储接口
屏幕无字符或缺一种颜色的字符	屏幕显示接口
总线故障显示,总线保护,总线调整数据丢失或数据不正确	I²C 总线控制接口

图 7-8 所示为微处理器 LC863528A 应用电路检测原理图。

(4)关键电压、波形测量点

1)微处理器 N701 电源供应端⑧脚+5V 电压。
2)微处理器 N701 复位电压输入端⑬脚电压。
3)时钟振荡信号波形测量端⑦脚波形。
4)I²C 总线电压测量端 N701③、④脚电压。
5)电视开机/待机关主态控制输出端⑮脚电压。
6)字符消隐信号输出端 N701㉒脚电压。

2. I²C 总线参数调整

(1)进入方法与厂标设置

进入方法:先按一次遥控器"召回键",然后按线路板上"音量减"不放手同时按遥控器"召回键",即可进入 FACTORY"工厂状态",重复上述过程可进入 B/WBALANCE"黑白平衡"调试,再重复一次可进入 ADJUST MENU O"调试状态",关机后退出调试状态。

厂标设置:同上进入方法屏幕显示 FACTORY 时,按遥控器"音量"减到 0 时不放手同时按遥控器"节目—"键可进行厂标设置,遥控器"音量+/—"键可选择每个字的显示内容;按记忆键可转换下一个字;按"节目+/—"键选择以下内容;按

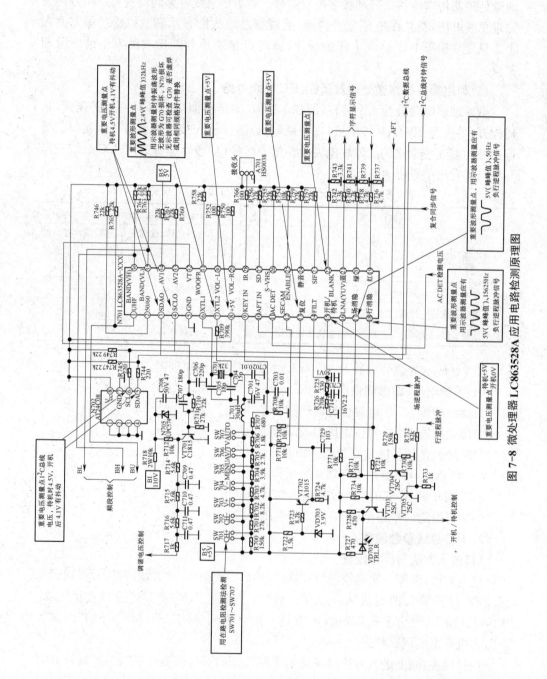

图 7-8　微处理器 LC863528A 应用电路检测原理图

"召回"键可退出厂标设置,但不能退出"FACTORY"工厂状态。

厂标1:《喜》、《福》开/关(自设厂标开/关)第一行字显示开/关

字大小:2×4 第一行字体大小

行中心:第一行字左右位置

颜色:红色　第一行字颜色

场中心:第一行字上下位置

厂标2:《开》第二行字显示开/关

字大小:2×4 第二行字体大小

行中心:第二行字左右位置

颜色:绿　第二行字颜色

场中心:第二行字上下位置

(2)各项功能参数调整

1)黑白平衡调整,见表7-6。同上进入方法屏幕显示"B/WBALANCE"为黑白平衡调试。"FACTORY"为调试状态。遥控器"节目＋/－"键选择项目,"音量＋/－"键调试。关机可全部退出工厂调试状态。屏幕显示"FACTORY"时,关机不能退出工厂状态,进入方法再重复两次,退出调试状态。

表7-6　黑白平衡调整

B/W BALANCE 黑白平衡			
S−BRI	80	副亮度	0—127
R−BIA	75	红偏低	0—255
G−BIA	90	绿偏低	0—255
B−BIA	84	蓝偏低	0—255
R−DRV	57	红驱动	0—127
G−DRN	8	绿驱动	0—15
B−DRV	68	蓝驱动	0—127
*C.B/W	0	内部信号	0—3

注意:〈内部信号 C.B/W 必须设置0,才能正常工作,并且退出调试黑白平衡状态〉

2)调试状态中各项目调整,见表7-7。屏幕显示 ADJUST MENU 0"调试状态"时,按遥控器"静音"键打开以下设置内容。注意:左右出白边时,调节"ADJUST MENU 2"项目中左右消隐,(其他项目不能调)否则本主板丧失相应功能。

表7-7　调试状态中各项目调整

ADJUST　MENU　0调试状态			
H.PHASE	11	行中心	0—31
V.SIZE	83	场幅	0—127

续表 7-7

ADJUST MENU 0 调试状态			
V. LINE	16	场线性	0—31
V. POSITION	7	场中心	0—63
V. SC	0	场补偿	0—31
NT. H. PHASE	+01	N 制行中心	
NT. V. SIZE	−01	N 制场副	
NT. V. LINE	−02	N 制线性	
NT. V. POSI	+06	N 制场中心	
NT. V. SC	+80	N 制场补偿	
ADJUST MENU 1			
RE. AGC	35	高效 AGC 调整	0—63
VOLUME	115	内部音量调整	0—127
R−Y/B−Y. G. BL	8	PAL 制解调比增益	0—15
R−Y/B−YANG	8	PAL 制解调角误差	0—15
B−Y. DC LEVEL	8	蓝色差调整	0—15
R−Y. DC LENEL	8	红色差调整	0—15
SECAM B−Y DC	8	SECAM 蓝色差电平调整	0—15
SECAM R−Y DC	8	SECAM 红色差电平调整	0—15
YUV B−Y DC	8	YUV 白平衡调整	
YUV R−Y DC	8	YUV 白平衡调整	
ADJUST MENU 2			
ZOOM1. V. SIZE	120	放大状态场幅调整	
ZOOM2. V. SIZE	48	16：9 场幅调整	
H. BLK. LFFT	7	行左消隐调整	
H. BLK. RIGHT	3	行右消隐调整	
OSDH. POSI	5	字符行中心调整	
SODV. POSI	29	字符场中心调整	
OSD CINI	80	电压检测低压起控点	
LOW AC−IN	63	电压检测高压起控点	
HIGH AC−IN	0		
ADJUST MENU 3			
* IC SELEST	LA76818	集成块选择 LA76810	
POWER OPTION	P. ON	开机记忆状态	
POWER LOGO	ON	开机屏显设定开/关 ON/OFF	

续表 7-7

ADJUST MENU 3		
SCREEN OPT	ALL	开机/开机均可拉幕
SCREEN TIME	4	开机屏显示时间
SCR. H. POSI	0	拉幕中心调整
SEARCH. CHECK	ON	无台自动搜索开/关
BAND OPTION	PORT/H	波段选择
AV. OPTION	1	AV 路数选择
POIGION L/R	RIGHT	屏显左边右边选择
ADJUST MENU 4		
BACK COLOR	BLUE	蓝屏选择/黑屏选择
LINE MODE	ON	图像模式
SENSITIVITY	OFF	超强接收功能
V. MUTE. P. OFF	ON	关机前黑屏选择
CALENDAR	ON	电视日历开/关
CALENDAR OPTION	ALL	游戏开/关 2 种
ZOOM OPTION	ON	放大模式开/关
CHIILD LOCK	OFF	锁定关
MENU BACK	OFF	菜单黑底
BLK. PROCESS	ON	换台黑屏选择
ADJUST MENU 5		
* STEREO OPT	OFF	单伴音为 OFF
STEREO IC	OFF	立体声
WOOF/H. PHONE	WOOF	重低音开/关
EVERY DAY	ON	定时功能是一次/多次
CHINESE OSO	ON	中文显示开
SUB. CONT	26	副对比度
SUB. COLOR	9	副色度
SUB. SHARP	10	副画质调整
SUB. TINT	33	副色调调整
ADJUST MENU 6		
PAL OPTION	ON	PAL 开/关
N3. 58 OPTION	ON	N3. 58 开/关
N4. 43 OPTION	ON	N4. 43 开/关
SECAM OPTION	OFF	SECAM 关

续表 7-7

ADJUST MENU 6		
4.5M OPTION	ON	伴音制式 4.5N 开/关
5.5M OPTION	ON	伴音制式 5.5N 开/关
6.0M OPTION	ON	伴音制式 6.0N 开/关
6.5M OPTION	ON	伴音制式 6.5N 开/关
B.B OPTION	60	蓝屏亮度调整
ADJUST MENU 7		
H. FREQUENG	35	SCEAM 行中心
AFC. GAIN	AUTO	行 AFC 锁定灵敏度
V. SERUP	1	场同步分离灵敏设定
VIDEO. LEVEL	7	视频输出幅度
FM. LEVEL	16	伴音解调副度调整
CD. MODE	0	非标准场同步调整
SOUND TPAP	4	SIF 伴音解调
H. TONE DEF	ON	半透明功能
HALF TONE	3	半透明功能
DIGITALOSD	ON	OSD 字符设置
ADJUST MENU 8		
VOL. FILTER	ON	音控 DAC 控制开/关
VIF. SYS. SW	38.0M	中频选择 38.0M
BRT. ABL. DEF	0	束流控制
MIP. STP. DEF	0	利用亮度控制 ABL
BRT. ABL. TH	4	ABL 起控点调整
RGB TEMP SW	1	RGB OUT 温度补偿
YUV. OPTION OFF	OFF	DVD 功能开关
FSC. /C. SYNC	0	同步信号/色副载波开关
VCO. ADJ. SW	0	N 制正向增加/负向减小
C. VCO. ADJ	2	N 制 VCO 频率微调

3. 常见故障及排除方法

故障现象 1:打开电源开关后待机灯亮,按遥控器开/关机键、电视面板开机键(节目＋、节目－)不开机,无光栅,无伴音。

检修程序 1:

1)测量微处理器电源供应脚 N701 ⑧脚电压为 8V 以上,说明 N701 由于电源电压过高而不能正常工作,故障原因有:N553 失去稳压功能导致电压升高,需更

换。如果测量 N701 ⑧脚电压为＋5V 正常，可进行下一步检查。

2)按遥控器开/关机键及电视面板开机键，测量 N701 ⑮开机/待机脚电压由＋5V 变为 0V，不开机故障原因为开关管 VT703 击穿短路，可用相同规格开关管更换。

3)若 N701⑮脚电压无变化，仍为＋5V，可按检修程序 2 处理。

检修程序 2：

1)测量 N701⑧脚电压为＋5V 正常。

2)按遥控器开/关机键或电视面板开机键，测量 N701 ⑮开机/待机脚电压＋5V 无变化，说明微处理器 N701 遥控开/关机电路出现故障。

3)用示波器测量微处理器 N701 ⑦脚，应有 32kHz2.4V(峰-峰值)时钟振荡信号波形。微处理器 N701 ⑦脚无 32kHz2.4V(峰-峰值)时钟振荡信号波形的故障原因有：石英晶体 G701 虚焊、损坏，微处理器 N701 损坏。

4)测量微处理器 N701⑬脚复位电压，正常值为＋5V，同时还要检查 VT702、VD703 是否正常。微处理器 N701 ⑬ 脚电压为 0V 时的故障原因为：VT702、VD703 等元器件组成的复位电路损坏。

5)测量按键开关 SW701－SW707 内部是否有短路或者与外壳(地)相连短路。若按键开关内部短路或与外壳(地)相连短路，也会产生不开机故障。

6)若经过以上检查无故障，则需更换微处理器 LC863528A。

故障现象 2：用电视机面板开机(节目＋、节目－)键可以开机，用遥控器开/关机键不能开机。

检修程序：

1)检查遥控器是否出现故障，用中波段频率在 600kHz 左右的收音机接收遥控器信号，遥控器距离收音机 300mm 左右，按下收音机按键应有很大的"嘟嘟"声。若无声或声音很小，为遥控器出现故障。图 7-9 所示为遥控器电路。

2)若遥控器无故障，需检查红外接收电路，先检查＋5V 电源和 R766，若正常可更换红外接收头 A701 进行试验。

3)若以上检查均无故障，则更换微处理器 LC863528A。

故障现象 3：电视机面板各键操作正常，屏幕无字符。

电视机面板各键操作正常，说明微处理器控制电路正常；屏幕无字符，说明屏幕显示电路出现故障。

检修程序：

1)用示波器测量场逆程信号输入端，微处理器 N701 ⑰脚应有 5V(峰-峰值)50Hz 的场逆程脉冲信号。无场逆程脉冲信号会使屏幕无字符，故障原因有 R729、R731 开路，VT704 损坏。

无示波器的检测方法是用万用表直流 10V 挡测量 N701 ⑰脚电压，待机时电压为 4.8V，开机有电视图像时为 4.6V 则正常，若电压未下降，说明场逆程信号未

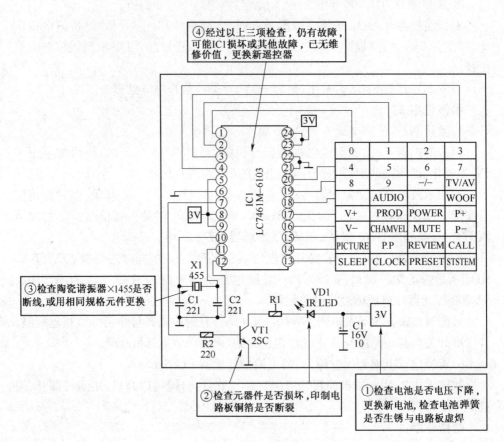

图 7-9　遥控器电路

加入 N701⑰脚。

　　2)用示波器测量行逆程信号输入端和微处理器 N701 ⑱脚,应有 5V(峰-峰值)15625Hz 的行逆程脉冲信号。若无行逆程脉冲信号,也会使屏幕无字符,故障原因有 R732、R734 开路,VT705 损坏。

　　无示波器的检测方法是用万用表直流 10V 挡测量 N701 ⑱脚电压,待机时电压为 4.8V,开机有电视图像时为 3.8V 则正常,若电压未下降,说明行逆程信号未加入 N701⑱脚。

　　3)检查 N701 ⑲、⑳脚红字符输出电路和绿字符输出电路及电阻 R736、R738,看其是否开路。但两路同时损坏的可能性不大。

　　4)若以上各项检查都无问题,则需要更换微处理器 N701 或 N101。

　　故障现象 4:字符缺红色或绿色。

　　字符、字母图形常用红色或绿色,如果只有一种颜色,即为缺一种颜色的字符。

　　故障原因:有一路字符输出电路出现故障。

　　检修程序:

检查缺颜色的字符输出电路,如缺红色时,检查红字符输出电路及电阻 R736 是不开路,若以上元件无故障,则需更换微处理器 N701 或 N101。

故障现象 5:打开电源开关后,光栅显示英文:"EEPROM ERROR"字符,同时伴音有较大噪声。

屏幕显示英文"EEPROM ERRPOR",含义为节目存储器错误,也可以说是节目存储器出现故障。此时微处理器通过总线向节目存储器 N702 发送地址和数据信息,但接收不到节目存储器 N702 的返回信号,微处理器启动自检程序,判断为节目存储器 N702 损坏失效,在屏幕上显示"EEPROM ERRPOR",故障原因为电阻 R745、R744 阻值增大或开路,节目存储器 N702 损坏。更换节目存储器时,要安装经厂家拷贝输入软件数据后的节目存储器。若无法购到已拷贝软件数据的节目存储器,也可以安装型号相同未拷贝软件数据的节目存储器,打开总线,将微处理器 ROM 中保存的 I^2C 总线数据装进新更换的空白存储器中见下面介绍的总线数据拷贝方法,其缺点是菜单显示只能显示英文,没有中文。

安装未拷贝软件数据的节目存储器及总线数据的拷贝方法。

1)拆下原来已损坏的节目存储器,换上未拷贝软件数据的节目存储器。

2)进入维修状态的方法,先按遥控器"召回"键,然后按住本机键的"音量-"键不放,并同时再次按下遥控器"召回"键,就可以进入"FACTORY"(工厂状态)。重复操作一次可进入"B/W BALANCE"(黑白平衡调整)。再重复操作一次可进入"ADJUAST MENU0"(调试状态　菜单 0),按照前面提供的软件数据调整。

3)在"B/W BALANCE"(黑白平衡调整)或"ADJUAST MENU0-11"(调试状态　菜单 0-11)时,按遥控器"节目+/-"键,可选择调整的项目;按"音量+/-"键,可调整所选项目的数据。

4)退出维修状态的方法:屏幕显示"FACTORY"(工厂状态)时,关机不能退出维修状态。按照进入维修状态的方法,重复操作两次进入"ADJUAST MENU0"(调试状态　菜单 0),关机后可退出维修状态。

5)屏幕显示"ADJUST MENU0"(调试状态　菜单 0)时,按遥控器"静音"键可以打开"ADJUST MENU1"(调试状态　菜单 1)~"ADJUST MENU2"(调试状态　菜单 2)的设置内容,按照前面提供的软件数据调整。

6)屏幕显示"ADJUST MENU2"(调试状态　菜单 2)时,将"SETUP SELECT"的数据由"0"调到"1"后,按遥控器"静音"键可以打开"ADJUST MENU3"(调试状态　菜单 3)~"ADJUST MENU 11"(调试状态 菜单 11)的设置内容,按照前面提供的软件数据调整。

7)按收到电视信号后,再对"B/W BALANCE"(黑白平衡调整)中的数据,"ADJUST MENU0"(调试状态　菜单 0)中的行中心、场幅度、场线性、场中心、场 SC 校正,"ADJUST MENU1"(调试状态　菜单 1)中的 RF、AGC 调整等软件数据作一些微调即可,其他项目数据不需要调整。

小结：

本章以日本三洋公司的 LA76810/ LA76818 与微处理器 LC8633XX 构成的 I^2C 总线控制的彩色电视机机心组装及其调试过程为例,重点介绍了电路工作过程;元件安装测试、检修注意事项及常见故障对应的电路;各单元电路调试与故障排除方法。通过对本章的学习,应掌握彩色电视机的组成及工作过程;各电路的元件选择及注意事项;集成电路引脚识别及应用;各单元电路中的关键点;电路的常见故障与排除方法;I^2C 总线控制及调整等内容。

第8章　贴片安装工艺实训

随着电子元器件由大、重、厚向小、轻、薄发展,出现了片状元器件和表面组装技术。

8.1　贴片元件认识检测与焊接

8.1.1　片状元器件的特点

片状元器件(SMC 和 SMD)又称为贴片元器件,是无引线或短引线的新型微小型元器件。它适合于在没有通孔的印制电路板上贴焊安装,是表面组装技术(SMT)的专用元器件。其特点是将电子元器件直接安装在印制电路板表面。目前,片状元器件已在计算机、移动通信设备、医疗设备和摄录一体化录像机、彩电高频头、VCD 机等产品中得到广泛应用。与传统的通孔元器件相比,片状元器件尺寸小、安装密度高、减少了引线分布的影响、降低了寄生电容和电感、高频特性好,并增强了抗电磁干扰和射频干扰能力。

8.1.2　片状元器件的种类

片状元器件按其形状可分为矩形、圆柱形和异形(翼形、钩形等)三类。按功能可分为无源元件、有源器件和机电元件三类,见表 8-1。

表 8-1　片状元器件的分类

	种类	矩形	圆柱形
片状无源元件	片状电阻器	厚膜/薄膜电阻器\热敏电阻器	碳膜/金属膜电阻器
	片状电容器	陶瓷独石电容顺、薄膜电容器、云母电容器	陶瓷电容器
		微调电容器、铝电解电容器、钽电解电容器	固体钽电解电容器
	片状电位器	电位器、微调电位器	
	片状电感器	绕线电感器、叠层电感器、可变电感器	
	片状敏感元件	压敏电阻器、热敏电阻器	
	片状复合元件	电阻网络、滤波器、谐振器、陶瓷电容网络	绕线电感器
片状有源器件	小型封装二极管	塑封稳压、整流、开关 齐纳、变容二极管	玻封稳压、整流、开关、齐纳、变容二极管
	小型封装晶体管	塑封 PNP、NPN 晶体管、塑封场效应晶体管	
	小型集成电路	扁平封装、芯片载体	
	裸芯片	带形载体、倒装芯片	

片状机电元件包括片状开关、连接器、继电器和薄型微机等。多数片状机电元件属翼形结构。下面介绍几种常用的片状元器件,如图 8-1 所示。

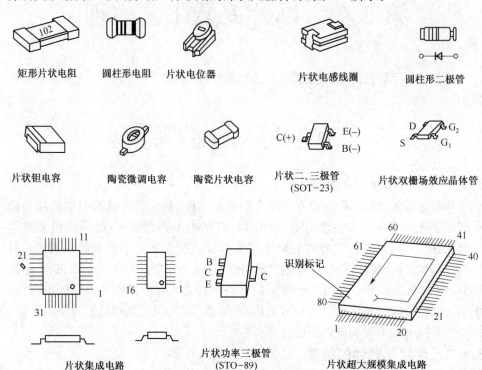

矩形片状电阻　　圆柱形电阻　　片状电位器　　　　　片状电感线圈　　　　圆柱形二极管

片状钽电容　　陶瓷微调电容　　陶瓷片状电容　　片状二、三极管　　片状双栅场效应晶体管
　　　　　　　　　　　　　　　　　　　　　　(SOT-23)

片状集成电路　　　　片状功率三极管　　　片状超大规模集成电路
　　　　　　　　　　　　(STO-89)

图 8-1　片状元件外形

1. 片状电阻器

片状电阻有三种类型:片状电阻,圆柱电阻和电位器。目前常用的是厚膜片状电阻,其主要参数见表 8-2。

表 8-2　厚膜片状电阻器的尺寸

代号 参数	RC2012 (RC0805)	RC3216 (RC1206)	RC5212 (RC1210)	RC5025 (RC2010)	RC6332 (RC2512)
长度 L/mm	2.0±0.15	3.2±0.15	3.2±0.15	5.0±0.15	6.3±0.15
宽度 W/mm	1.25±0.15	1.6±0.15	2.5±0.15	2.5±0.15	3.2±0.16
额定功率/W	1/10	1/8	1/4	1/2	1
额定电压/V	100	200	200	200	200

注:括号内为英制代号

2. 矩形片状陶瓷电容器

片状陶瓷电容有矩形和圆柱形两种,其中矩形片状陶瓷电容器应用最多,占各种贴片电容的 80% 以上。它采用多层叠加结构,故又称之为片状独石电容。同普通陶瓷电容器相比,它有许多优点:比容大,内部电感小,损耗小,高频特性好,内电极与介质材料共绕结,耐潮性能好,可靠性高。

3. 片状固体钽电解电容器

片状电解电容分铝电解电容和钽电解电容。铝电解电容体积大,价格便宜,适于消费类电子产品中应用,但使用液体电解质,其外观和参数与普通铝电解相近,仅引脚形式变化。钽电解电容体积小,价格贵,响应速度快,适合在需要高速运算的电路中使用。钽电解有多种封装,使用最广泛的是端帽型树脂封装,额定电压为4~50V,容量标称系列值与通孔元件类似,最高容量为 330uF;标志直接打印在元件上,有横标端为正极;容量表示法与矩形片状电容相同。

4. 片状矩形电感器

片状矩形电感器包括片状叠层电感和绕线电感器。片状叠层电感器外观与片状独石电容很相似,尺寸小、Q 值低、电感量也小,范围为 0.01~200uH,额定电流最高为 100mA。具有磁路闭合、磁通量泄漏少、不干扰周围元器件,也不易受干扰和可靠性高的优点。绕线电感器采用高导磁性铁氧体磁心以提高电感量,可垂直缠绕和水平缠绕,水平缠绕的电性能更好。它的应用与通孔插装电感器相似。

5. 片状二极管

常见的片状二极管分圆柱形、矩形两种。

圆柱形片状二极管没有引线,将二极管芯片装在具有内部电极的细玻璃管中,两端装上金属帽作正、负极。国外生产 AR25 系列是一种圆形片状整流二极管,体积稍大些。

矩形片状二极管有三条 0.65mm 短引线。根据管内所含二极管数量及连接方式,有单管、对管之分;对管中又分共阳(共正极)、共阴(共负极)、串接等方式。片状二极管的检测与普遍二极管相同,使用万用表测试时,测正、反向电阻宜选择 R×1k 挡。

6. 片状晶体管

片状晶体管种类很多,有 NPN 管与 PNP 管、普通管、超高频管、高反压管、达林顿管等。常见的矩形片状晶体管与对应的通孔器件比较,体积小,耗散功率也较小,其他参数变化不大。电路设计时,应考虑散热条件,可通过给器件提供热焊盘,将器件与热通路连接,或用在封装顶部加散热片的方法加快散热。还可采用降额使用来提高可靠性,即选用额定电流和电压为实际最大值的 1.6 倍,额定功率为实际耗散功率的 2 倍左右。

7. 片状小型集成电路 SOP

SOP 是双列直插式的变形,引线一般有翼形和构形两种,也称 L 形和 J 形,引脚间距有 1.27mm、1.0mm 和 0.76mm。SOP 应用十分普遍,大多数逻辑电路和线性电路均可采用它,但其额定功率小,一般在 1 W 以内。厚度一般为 2~3mm,与双列直插形式相比,安装时占用印制电路板面积小,重量也减轻了 1/5 左右。

8.1.3 片状元器件的包装

片状元器件的包装形式有三种:散装,或称袋装,用字母 B 表示,可供手工贴装使用;盒式排装,用 C 表示,将片状元器件按一定方向排列在塑料盒中,适合夹具式贴片机使用;编带包装,用 T 或 U 表示,将片状元器件按一定方向逐只装入纸编带或塑料编带孔中并封装,再按一定方向卷绕在带盘上,适合全自动贴片机使用。

8.2　片状元器件的印制电路板焊盘要求及焊接

8.2.1　片状元器件的印制电路板焊盘要求

片状元器件的焊接是 SMT 的关键技术,将片状元器件的焊接端子对准印制电路板上的焊盘,利用粘接剂或焊膏的黏性把片状元器件贴到印制电路板上,然后通过波峰焊或再流焊实现焊接。SMT 的典型工艺流程如下:

印制电路板设计-涂布粘接剂或印刷焊膏-贴装片状元器件-波峰焊或再流焊-清洗。测试对应的 SMT 设备有点胶机或印刷机、贴片机、波峰焊机或红外再流焊机、返修工作台、清洗机和测试设备。设计、试制以及维修一般采用电烙铁手工操作,故操作者应具备熟练的电烙铁技术。表面贴装一般有四种方式,如图 8-2 所示。其中(a)、(b)分别为单、双面片状元器件贴装;(c)、(d)分别为单、双面片状元器件与插装元器件混装。

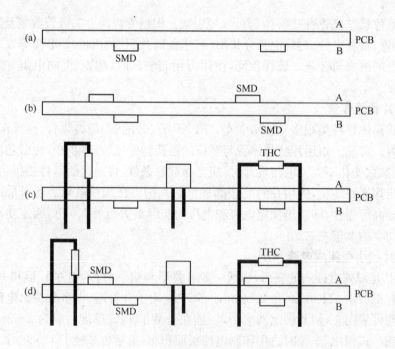

图 8-2　表面贴装的四种方法

片状元器件的焊盘形状对焊盘强度和可靠性有着关键的影响。其基本要求为：同一元件的相邻焊盘间的中心距离应等于对应引脚间的中心距离。焊盘宽度等于引脚或端焊头宽度加上或减去一个常数，数值大小可在实践中进行调整。焊盘长度取决于端焊头或引脚高度和深度。一般来说，焊盘长度较宽度更为关键。

表 8-3 列出了三种常用片状元器件的焊盘。

表 8-3　片状元器件印制板焊盘规格

焊盘图形		尺寸(mm)	说　明
矩形片状元器件		A＝W 或 W±0.3 B＝H＋T＋0.3 R(＋)、C(－) G＝L＋2T	结构简单、容易焊接。焊接质量主要取决于焊盘的长度 B，而不是宽度 A
圆柱形片状元器件		A＝d＋0.2 B＝d＋T＋0.5 C＝L－2T－0.4 D＝T＋0.2 E＝0.4	中央有凹槽，使元件易放稳，不移动便于焊接
翼形引脚SOP		A＝W＋0.2 B＝F＋0.6 C＝L－0.4	焊盘的间距与引脚间距相同，可采用接焊

8.2.2　片状元器件的贴焊

1. 手工焊接

片状元器件的焊接与插装元器件的焊接不一样，后者通过引线插入通孔，焊接时不会移位，且元器件与焊盘分别在印制电路板两侧，焊接较容易；片状元器件在焊接过程中容易移位，焊盘与元器件在印制电路板同侧，焊接端子形状不一，焊盘细小，焊接要求高。因此，焊接时必须细心谨慎，提高精度。电烙铁功率采用 25W，最高不宜超过 30W；且功率和温度最好是可调控的；烙铁头要尖，带有扰氧化屉助长寿的烙铁头最佳，焊接时间控制在 3s 以内，焊锡丝直径为 0.6～0.8mm。焊接时,先用镊子将元件放置到印制电路板对应的位置上,然后用电烙铁进行焊接。

为了防止焊接时元件移位,可先用树脂胶将元器件粘贴在印制电路板上的对应位置,胶点大小与位置如图8-3所示。待固化后再焊接。

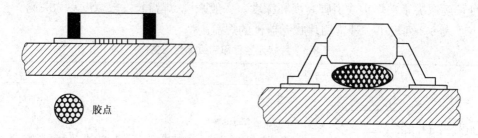

胶点

图8-3　胶水贴装片状元器件

2. 再流焊

再流焊也称为回流焊,它是预先在印制电路板的焊盘上放置适量的焊离(由焊料粉剂和助焊剂等成分组成),然后贴装表面贴装元器件,固化后置于再流焊炉内,利用焊炉内高温使焊离熔化再次流动完成焊接。

(1)再流焊的工艺优势

随着表面贴装技术的发展,再流焊的工艺优势越来越受到人们的重视,采用再流焊,元器件受到的热冲击小,能控制焊料量,焊接缺陷少,焊接质量好,可靠性高;焊接中一般不会混入不纯物,可以保证焊料合适的成分与比例;焊接中有自定位效应,即使贴装过程中,元器件的位置在允许的范围内有偏差,焊接时,焊料再次流动,元器件能随之自动调整位置。

(2)再流焊炉的结构组成

炉体、上下加热板、电路板传输装置、空气循环装置、冷却装置、排风装置、温度控制装置以及计算机控制系统。

(3)再流焊炉的加热方式与技术要求

1)再流焊炉的加热方式。红外焊炉具有加热快、节能、运行平稳的特点,热量以红外线辐射为主要传递方式,印制电路板和各种元器件因材质、色泽不同而对热量的吸收不同,从而造成局部温差,影响焊接质量。

全热风焊炉是一种通过对流喷射管嘴或耐热风扇使炉膛内空气加热循环对流,从而完成焊接。焊炉内对流气体的流动速度至关关键,为了确保印制电路板的任一区域都能加热均匀,气流的速度必须足够快,但是又会极易引起印制电路板的抖动和元器件的移位。

红外加热风焊炉综合了红外焊炉和全热风焊炉的优势,是目前使用较为普遍的再流焊炉。

2)再流焊炉的主要技术要求。

①温度控制精度应达到±0.1℃～0.2℃。

②传输带横向温差要求±5℃以下。

③最高加热温度一般为 300℃~350℃。

④具备温度曲线的测试功能。

⑤传送带宽度依据实际生产印制电路板的最大、最小尺寸确定。

⑥加热区数量和长度。加热区数量越多,长度越长,越容易调整和控制温度曲线。一般中小批量生产选择 4~5 个温区,1.8m 的加热区长度就能满足生产要求。

附　　录

附录 A：部分电子类学生实训原理图、
元件清单和装配电路板图

由于职业学校和技工学校的电子类学生实训课题较多，本附录提供几种电路作为选学或综合练习内容，限于篇幅，只提供原理图、元件清单和装配电路板图，电路原理可参考有关资料。

1.可调电源

实训原理图如图 A-1 所示，装配电路板图如图 A-2 所示，元件清单见表 A-1。

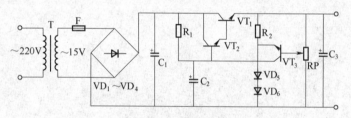

图 A-1　实训原理图

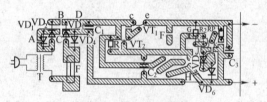

图 A-2　装配电路板图

表 A-1　元件清单

元件标号	名称	型号/参数	元件标号	名称	型号/参数
VDl～VD4	二极管	1N4001 X 4	RP	微调电位器	10k
VD5～VD6	二极管	1N4148 X 2	C1	电解电容器	100uF/16V
VT1～VT2	晶体管	9013 X 2	C2	电解电容器	100uF/16V
VT3	晶体管	DD15D	C3	电解电容器	100uF/16V
R1	电阻		T	电源变压器	220V/15～20V
R2	电阻		F	熔断丝	0.5A
	电源线			印制电路板	

2.万用表

MF47 万用表实训原理图如图 A-3 所示，装配电路板图如图 A-4 所示，元件清单见表 A-2。

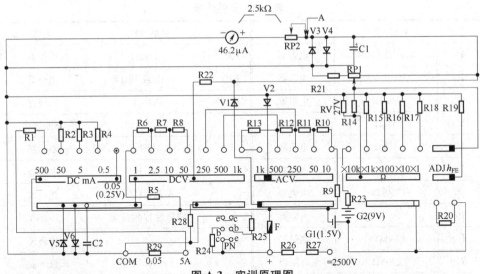

图 A-3　实训原理图

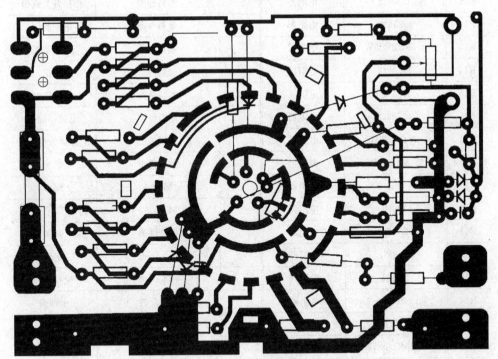

V型电刷

图 A-4　装配电路板图

表 A-2　元件清单

符号	规格/型号	名称	符号	规格/型号	名称
R1	0.44 Ω/0.5W	电阻器	RP1	10kΩ	电位器
R2	5Ω/0.5W	电阻器	RP2	500Ω(或 1kΩ)	电位器
R3	50.5Ω	电阻器	V1～V6	IN4007	二极管
R4	555Ω	电阻器			熔断器夹
R5	15kΩ	电阻器	F	0.5～1A,内阻小于 0.5Ω	熔断器
R6	30kΩ	电阻器	C1	10μF/16V	电容器
R7	150kΩ	电阻器	电池连接线		连接线
R8	800kΩ	电阻器	线路板 J1 短接线		短接线
R9	84kΩ	电阻器			线路板
R10	360kΩ	电阻器	$I=46.2\mu A$		面板＋表头
R11	1.8MΩ	电阻器	塑料件类		挡位开关旋钮
R12	2.25MΩ	电阻器	塑料件类		电刷旋钮
R13	4.5MΩ/0.5W	电阻器	塑料件类		电池盖板
R14	17.3kΩ	电阻器	塑料件类		提把
R15	55.4kΩ	电阻器	塑料件类		提把铆钉
R16	1.78kΩ	电阻器	塑料件类		电位器旋钮
R17	165Ω/0.5W	电阻器	塑料件类		晶体管插座
R18	15.3Ω/0.5W	电阻器	塑料件类		后盖
R19	56Ω	电阻器	M3×6		螺钉
R20	180Ω	电阻器	M2.5×8		螺钉
R21	20kΩ	电阻器	标准件类		弹簧
R22	2.69kΩ	电阻器	$d=4mm$		钢珠
R23	141kΩ	电阻器	标准件类		橡胶垫圈
R24	46kΩ	电阻器	其他配件		电池夹
R25	32kΩ	电阻器	其他配件		铭牌
R26	6.75MΩ/0.5W	电阻器	其他配件		标志
R27	6.75MΩ/0.5W	电阻器	其他配件		V 形电刷
R28	4.15kΩ	电阻器	其他配件		晶体管插片
R29	0.05Ω	电阻器	其他配件		输入插管
RV	27V	压敏电阻器	其他配件		表棒

注:表中元器件规格或型号仅供参考。

3.电风扇模拟自然风装置(间歇供电电路)

实训原理图如图 A-5 所示,装配电路板图如图 A-6 所示,元件清单见表 A-3。

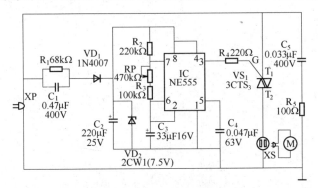

图 A-5　实训原理图

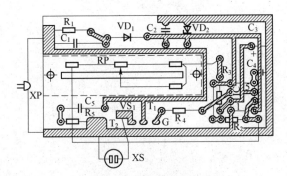

图 A-6　装配电路板图

表 A-3　元件清单

元件标号	名称	型号/参数	元件标号	名称	型号/参数
R1	电阻	68k	C4	涤纶电容	0.047uF/ 63
R2	电阻	220k	C5	涤纶电容	0.033uF/ 400V
R3	电阻	220	VD1	二极管	1N4007
R4	电阻	100k	VD2	稳压管	7.5V
R5	电阻	100	VS1	双向可控硅	3A /600V
RP	直滑式电位器	470k	IC	时基电路	NE555
C1	涤纶电容	0.47PF/ 400V	XP	插头	自制
C2	电解电容	220uF / 25V	XS	插座	自制
C3	电解电容	33uF / 16V			

附录 B：电视机整机电路原理图

1)黑白电视机整机电路原理图如图 B-1 所示。

2)彩色电视机整机电路原理图如图 B-2 所示。